덴마크 · 독일 모델의

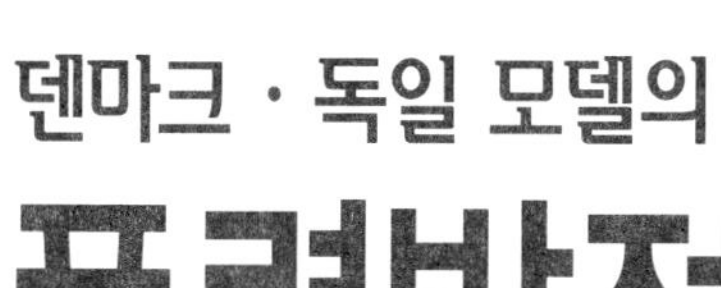

풍력발전 기술

박광현 · 정해상 공저

일진사

머 리 말

환경 문제가 지구 규모로 중요성을 띄게 됨에 따라 최근 풍력 에너지 같은 재생 가능 에너지의 할용이 활발하게 모색되고 있다. 최근 몇 해 사이 독일이 매우 빠른 걸음으로 풍력발전 도입에 열의를 쏟고 있지만, 사실은 그보다도 일찌기 풍력발전에 힘을 기울인 나라는 미국과 덴마크였다. 그 중에서도 덴마크는 재생 가능한 에너지 자원 개발에 매우 열심이다. 이미 전체 소비 에너지 중에서 풍력, 바이오마스(biomass)를 중심으로 하는 재생 가능한 에너지 자원이 차지하는 비율이 11%를 넘고 있다. 그리고 풍력에 의한 발전은 총 발전량의 12%를 차지하기까지에 이르렀다[1].

물론 우리나라도 이산화탄소 배출량에 관한 국제협약을 실현하기 위하여 재생 가능 에너지의 보급이 불가결한 형편이다. 환경문제에다 고유가까지 겹쳐 풍력발전은 이제 시대적 과제가 되었다.

2005년 12월 8일자 문화일보를 보면 '청정 풍력발전 바람이 솔솔 분다'는 제하에, 고유가와 기후 변화 협약에 따른 이산화탄소 배출권 확보를 위해 청정 에너지에 대한 관심이 높아지면서 풍력발전에 대한 투자가 잇따르고 있다고 한다.

이제까지는 분산형 에너지라는 관점에서, 환경 지킴이라 불리우는 사람들이 당면한 에너지 획득과 환경에 기여한다는 측면에서 풍력발전을 주목하여 왔다. 또 풍차에 대한 낭만을 꿈꾸면서 혹은 풍

1) 수치는 모두 덴마크 에너지청의 자료에 준거한 것이다.

차가 크게 보급된 덴마크와 독일 등을 환경 선진국으로 유토피아처럼 동경하는 마음에서 주목하는 사람도 적지 않았다.

오랫동안 전력은 대기업에 의해서 전형적인 자연 독점형 산업으로, 집중적인 대규모 발전을 원칙으로 하여 왔다. 그러나 풍력 등의 재생 가능 에너지에 의한 발전은 분산형의 소규모 발전기술이다. 그러므로 풍력 에너지 보급에는 필연코 거대 전력산업과의 투쟁을 회피할 수 없었다. 하지만 큰 힘을 가진 조직과의 투쟁은 어느 시대에나 사람들의 공감과 동정을 불러 일으키기 쉽다. 풍력발전 추진파는 에너지의 중앙 집권적 관리에 대한 대안으로서 분산형 에너지를 높이 평가하고 있다.

에너지에 관한 이와 같은 분권과 마찬가지로, 혹은 그 이상으로 풍력 에너지 추진의 원동력이 된 것은 환경문제이다. 환경문제에 관심을 쏟게 된 계기가 된 것 중의 하나가 1986년에 일어난 당시 소련의 체르노빌 원자력 발전소의 사고였다.

또 하나는, 점차 심각성을 더하는 지구 온난화 문제이다. 즉 화석연료를 연소시킴으로써 발생하는 이산화탄소가 지구 전체의 온도를 높여 많은 심각한 문제를 야기하고 있다. 원자력 발전은 이산화탄소의 배출량을 줄이는 측면에서는 효과적이라는 견해도 있지만 일단 사고가 발생하면 환경과 사람들의 건강에 파멸적인 피해를 주게 되는 위험한 자원이라는 것은 부정할 수 없다. 이와 같은 환경문제의 해결 수단으로서 자연 에너지인 풍력발전에 기대를 거는 사람이 적지 않다.

일찍부터 풍력발전이 보급된 덴마크에서도 풍력발전에 대한 거부반응이 없었던 것은 아니다. 다시 말하여, 덴마크 사람이라고 하여

다 풍차 발전에 찬성한 것만은 아니었다.

한 가지 예를 들면, 2001년 코펜하겐에서 개최된 「유럽 풍력에너지협회」의 콘퍼렌스에서 코펜하겐시 의회의 대표는 중세의 정취가 물씬한 코펜하겐 시청 홀에서 개최된 리셉션의 환영사에서 "여러분들을 환영하는 바이지만 나 자신은 풍력발전을 달가워하지 않습니다"라는 충격적인 인사를 하였다. 또 어떤 의사는 "이처럼 풍차가 난립된다면 공기 저항으로 지구의 자전이 느려질지도 모르겠다" 라는 농담으로 풍력발전 추진파들을 비웃기도 했다.

그렇다면 덴마크 사람들 모두가 자국의 풍력발전기 사업에 부정적인 태도인가 하면 결코 그런 것은 아이다. 대부분의 덴마크 사람들, 특히 덴마크의 서부인 유트랜드 반도에 사는 사람들에게 있어서 풍력발전기 사업은 그들이 세계에 자랑하는 산업이다. 대기업이 많지 않은 덴마크에서 풍력발전기 메이커는 어엿한 대기업으로 한몫을 차지하고 있다. 또 첨단기술을 보유하고 있다는 기업을 방문하여 이야기를 들어 보면, 원래 풍력발전기와 관련된 일을 했었다는 사람이 적지 않다. 덴마크 사람들이 풍력발전이나 풍력발전기 산업을 자랑으로 생각하는 것은, 풍차와 함께 살아온 오랜 전통이 옛날부터 일상 생활 속에 스며 있기 때문이며, 풍력발전을 개발한 사람들 역시 농민들과 함께 일해 온 가까운 이웃의 대장장이나 목수라고 하는 장인들이었기 때문이다.

하지만 현대의 풍력발전기 산업은 대기업간의 치열한 경쟁이 전개되고 있는 근대적 산업이다. 풍차 자체가 매우 대형화되었기 때문에 기술적으로도 제어기술, 공기역학, 구조역학 면에서 최첨단 기술이 요구되고 있다. 공학적 측면 뿐만 아니라 대형 풍력 발전기를 건립하기 위하여서는 거액의 자금이 필요하다. 그 자금을 어떻게 조달하느냐 하는 재정적 문제도 오늘날의 풍력발전에 있어서는 중요한 과제이다.

본 서는 풍력발전을 산업적·경제적 측면에서 살펴 보려는 것이다. 풍력발전에 관한 시장으로는 풍력발전기 시장과 풍력으로 발전한 전력시장, 두 측면을 생각할 수 있다. 본 서에서는 주로 풍력발전기 시장에 초점을 맞추었다. 물론 풍력발전기의 수요는 풍력으로 생산한 전력 시장의 상황에 크게 의존하게 된다. 풍력에 의한 전력 시장의 공급자, 즉 풍력발전소는 풍력발전기 구매자이므로 이 두 시장이 밀접한 관련이 있는 것은 당연하다.

풍력발전기 산업을 다룸에 있어서 특히 풍력발전에 관한 기술개발 프로세스에 주목하고, 기술개발 프로세스를 국제적으로 비교하여 보기로 하였다. 사회과학적 측면에서 풍력발전 기술을 국제적으로 비교하는 연구는 유럽이나 미국에서는 많이 이루어지고 있다. 그 중에서도 선구적인 연구는 코펜하겐 상과대학 산업사회학과의 조교수인 피터 카누(Peter Karnoe)에 의한 일련의 연구이다. Karnoe [1991]는 덴마크어로 쓰여져 있기 때문에 이해하기 쉽지 않지만 Karnoe [1990]와 Karnoe and Garud [1998]처럼 그는 영어로도 많은 문헌을 저술했다. 그의 연구는 덴마크와 미국의 풍력발전 개발과정을 비교하여, 톱다운 방식에 의한 개발이 거대한 미국 기업의 패퇴 원인이었다고 논술하고 있다.

카누에 이어서 네덜란드 헤이그의 라세노 연구소(Rathenau Institute)의 리니 반 에스트(Rinie van Est)도 덴마크와 미국(특히 캘리포니아)의 풍력발전기 산업을 비교한 바 있다. (Van Est [1999]).

그밖에 뮌헨 독일박물관의 마티어스 하이만(Matthias Haymann)은 덴마크와 독일, 미국을 비교(Heymann [1998])했고, 유트레히트 대학의 린다 캠프(Linda Kamp)는 덴마크와 네덜란드를 비교(Kamp [2002]했고, 스웨덴 챨슈 공과대학의 안나 존슨(Anna Johnson)과 스태판 야콥슨(Staffan Jacobsson)은 독일, 네덜란드, 스웨덴을 비교하였다 (Johnson and Jacobsson [2000]).

본 서는 이와 같은 풍력발전 기술 개발의 국제 비교 연구에 일본까지 추가하여 덴마크, 독일, 네덜란드와 일본을 비교 검토하여 보았다. 특히 풍력발전기라는 기계의 기술혁신 프로세스를 국제 비교한 것이다. 기술혁신을 경제의 추진력이라고 생각한 오스트리아의 경제학자인 슘페터(Joseph A. Scumpeter)도 지적했듯이, 기술혁신과 기업 규모 사이에는 진정한 상관이 있다고 하는 가설은 예로부터 일컬어져 왔다. 많은 액수의 연구 개발비를 투자하여 많은 연구 개발 요원을 거느린 대규모 기업이 기술혁신에 있어서 우위에 서는 것은 상식처럼 생각될지 모른다. 하지만 중소기업 중에서도 연구 개발을 경영전략의 중심에 두고 많은 기술혁신을 달성한 기업이 적지 않게 존재한다.

실제로 이제까지의 연구에서도 기술혁신과 기업 규모는 상관성이 있다는 슘페터 가설이 반드시 실증적으로 지지를 받아온 것은 아니다. 1980년대의 덴마크와 미국의 풍력발전기 산업을 비교하였을 때, 규모가 작은 덴마크의 풍력발전기 메이커가 거대 기업이 중심이었던 미국의 풍력발전기 산업과의 경쟁에서 결국 덴마크의 중소기업이 승리한 사실은 슘페터 가설이 반드시 옳은 것만은 아니라는 하나의 예일 것이다.

한 마디로, 기술 혁신형 기업이라고 말하지만 실제로는 다양한 형태의 기술혁신이 있다. 일반적으로 기술혁신에는 두 가지 유형이 있다고 한다. 하나는 '점진적인 개량(incremental improvement)' 이라는 것이고, 또 하나는 '도약적 기술혁신(quantum leap innovation)' 이라고 하는 유형이다.

점진적 개량은 제품이나 제법을 조금씩 개량해 나가는 것으로 연속적으로 이루어 나간다. 그리고 도약적 혁신은 획기적인 새로운 제품이나 제조법을 창출하는 혁신으로, 불연속적으로 발생하는 경우가 많다. 풍력발전기 개발 프로세스에도 이 도약적인 혁신을 지향하는 경우와 점진적인 혁신을 쌓아 나가는 경우가 있다. 이 접근법의 차이가 산업발전에 어떻게 영향을 미쳤는가도 검토하여 보았다.

어느 유형이든 기술혁신의 결과 기술은 변하게 마련이지만 새로운 기술은 어떤 형태로든 기존 기술의 연장 선상에 있다. 아무리 참신한 기술 혁신일지라도 어떠한 기술적 기반 위에서 혁신이 탄생한다. 기술혁신은 곧잘 생물의 진화에 비유되기도 한다[2]. 생물의 진화는 DNA의 변이로 생겨나는 것이지만 모든 DNA가 변하는 따위의 변이는 있을 수 없을 것이다. 즉, DNA의 일부가 변이하는 것에 지나지 않는다. 기술의 진보도 마찬가지로서, 이제까지 가지고 있던 기술의 토대 위에 새로운 기술이 태어나게 된다. 그런 뜻에서 보면 '도약적 혁신'이냐 '점진적 개량'이냐는 정도의 문제라고도 할 수 있다. 이와 같은 기술 변화가 지금까지의 기술적인 유산 위에 있다는 것을 가리켜 '경로 의존성(path dependency)'이라고 한다. 기술에 경

2) 진화경제학의 대표적인 연구서로는 Nelson and Winter(1982)가 있다.

로(經路) 의존성이 있다는 것은 기술의 전통이나 지역에 뿌리를 박고 있는 지연적 혹은 토착적인 기술이 중요하다는 것을 의미한다.

기술의 진보는 기존의 기술 뿐만 아니라 사회의 다양한 요인에 의해서도 제약을 받는다. 예를 들면, 외국으로부터 기술을 도입하는 경우 도면만을 구입하여도 그것을 읽고 이해할 만한 능력을 가진 사람이 존재하지 않는다면 도면을 제품화할 수 없을 것이다. 이와 같은 기술의 흡수 능력을 가리켜 '기술능력(technological capability)'이라고 하는 학자들도 있다. 기술 능력은 어떠한 교육제도를 가지고 있느냐, 사람들이 학습에 대하여 의욕적인가 아닌가, 어떠한 기술적 전통을 가지고 있느냐 등, 다양한 요인에 의해서 결정된다. 외부로부터 기술을 도입하는 이상으로 내부에서의 기술혁신에는 혁신을 추진하여 나가기 위한 여러 가지 문제를 해결할 수 있는 능력이 필요하다.

여기서는 그와 같은 능력을 새로운 고전파 경제학이 생각하는 것과 같은 합리적 경제인에 의한 목적 변수의 최대화 행동으로 다루지 않고, 각 기업이나 사회가 가지고 있는 '처리 순서'에 따라 문제를 해결해 나가는 능력이라 생각한다. 기술 혁신에 대하여 기업이나 사회가 갖추고 있는 문제 해결을 위한 처리 절차를 '기술혁신 능력' 이라고 부르기로 하자. 이 책에서 풍력발전기 기술 개발의 국제적 비교를 시도한 목적은 각 나라가 가지고 있는 '기술혁신 능력'의 차이가 풍력발전기 개발에 어떻게 영향을 미쳤는가를 생각하여 보려는 뜻에서이다.

올보대학의 벤트 아케 룬벨 교수(Bengt Ake Lundvall)는 기술혁신 시스템의 국제 비교를 하면서 기술혁신에 관한 덴마크 모델을 다음과 같이 정리하였다.

① 산업 분야로서 중소기업이 중심인 로테크 제품이 특화되고 있다. 이 경향은 코펜하겐보다도 유트랜드에서 특히 현저하다. 풍력발전기도 '하이테크 제품'이라고는 이를 수 없다. 또 이 점은 앞서 설명한 슘페터 가설의 검증이라는 점에서도 흥미로운 특징이다.

② 기술혁신에 대하여, 기업 안에서는 물론 기업 외부와도 활발하게 의견을 교환하고 있다. 그러나 이른바 산·학 협동은 별로 활발하지 않고, 과학 지식에 바탕한 의견 교환 역시 별로 일반적이지 않다.

③ 고등교육을 받은 인재가 민간 기업이 아닌 정부기관 등의 공적 부문에서 일하고 있다. 이것은 제2의 특징인 기술혁신이 과학지식에 기초하지 않는다는 측면과도 관련이 있을 것이다.

④ 교육제도의 특수성. 덴마크의 교육제도는 자립심과 책임감을 심는데 주안점을 두고 있으며, 아카데믹한 지식 교육에는 무게가 실려 있지 않다. 그러나 이와 같은 교육제도 때문에 기업 안에서 권한을 위임 받은 경우에도 그에 대처할 수 있다.

⑤ 노동자의 특징. 기업간의 이동이 심하기 때문에 기업으로서는 사원을 사내에서 교육시키는 인센티브를 별로 갖지 않는다.

⑥ 노동력의 유연성과 높은 효율성.

이와 같은 기술혁신의 덴마크 모델의 여러 가지 요인은 기술혁신 능력을 형성하는 데 있어서 중요한 역할을 할 것으로 생각된다. 풍력발전기 산업의 현상을 보면, 덴마크의 풍력발전기 산업은 성공을 거두고 있다. 이 성공을 거둠에 있어서 덴마크 모델로 거론된 기술혁신 능력 형성의 제반 요인이 어떻게 영향을 미쳤는가를 검토함으로써 우리나라의 기술혁신 능력 형성을 위하여 요구되는 정책을 모색하려는 것이 이 책의 또 하나의 과제이다.

이 책은 다음과 같이 구성되어 있다.

제1장에서는 풍차의 역사와 현대 풍차의 특징, 그리고 풍력자원에 대하여 기술하고, 제2장에서는 풍력발전을 이해하기 위한 기초지식으로서, 풍력공학을 다루었다. 제3장에서는 덴마크의 풍차발전기 개발 경과를 19세기 말부터 현대에 이르기까지 역사적으로 더듬어 보았고, 제4장에서는 현재 전 세계의 어느 나라보다도 풍력발전이 활발한 독일의 풍력발전기 개발 경위를 살펴 보았다. 그리고 제5장에서는 풍차의 본고장인 네덜란드의 풍력발전기 개발 경위를, 제6장에서는 미국과 일본의 풍력발전기 개발 실태를, 제7장에서는 새로운 기술에 대한 도전을 다루었고, 종장에서는 환경파괴로 인한 지구의 위기 상황을 다루어, 풍력발전의 당위성을 이해시키려고 노력하였다.

끝으로 이해를 구하고자 하는 것은, 덴마크어, 독일어, 네덜란드어의 인명, 기업명, 지명 등을 우리 말로 표기함에 있어서는 되도록 현지의 발음에 가깝게 표기하려고 노력은 하였지만 어색한 표현이 많을 것으로 믿는다. 독자 여러분들의 깊은 이해를 구한다.

2006. 12.   .

차 례

Chapter 2. 풍차 공학(風車工學) /55

Chapter 4. 독일의 풍력발전 기술 /163

Chapter 1
현대의 풍차와 풍력 자원

1.1 풍차의 역사

(1) 인류 최초의 원동기

풍차는 수차와 더불어 인류가 최초로 개발한 원동기이다. 인간은 풍차를 이용하게 됨으로써 이제까지 스스로가 혹은 가축에게 시켰던 힘든 일을 자연의 힘을 이용하여 편하게, 그리고 능률적으로 할 수 있게 되었다. 인간은 지혜가 늘어나고 기술이 진보했다.

아일랜드 출신의 물리학자인 버나르는 "문명이 싹틀 무렵의 어떤 시기에 …… 결정적인 발명, 즉 돛(sail)이 발명되었다. 돛의 가장 중요한 점은, 무생물계의 풍력을 인간의 필요를 위해 응용한 최초의 것이라는 점에 있으며, 이것은 풍차와 수차, 또 그 뒤에 나타나는 …… 증기기관과 비행기의 원형이었다"고 기술하고 있다.

가장 소박한 풍차의 출현은 지금으로부터 약 4000년 이전일 것으로 추정하고는 있지만 확실한 증거는 없다. 돛은 파피루스로 만들었고 구조물은 목재였다고 한다면, 수천 년의 풍상을 거듭한 오늘날 그 모습이 보존될 리가 없다. 그러나 이집트의 알렉산드리아에서는 약 3000년 전에 사용되었던 것으로 추정되는 돌로 된 풍차탑의 기초부가 발굴된 적이 있다.

(2) 문명과 함께 한 풍차

풍차의 기술은 돛의 기술과 동질의 것이고, 그것이 진화한 것이라는 사실을 가장 웅변적으로 또한 직감적으로 나타내는 풍차는 그리스 풍차이다. 에게해(Aegean Sea)의 도서들에서는 지금도 짙푸른 바다를 배경으로 8폭 또는 12폭의 흰 돛을 단 우아한 풍차들이 늘어서 있다. 요트의 돛을 본따 새일윙형이라 불리우는 그리스 풍차는 지금으로부터 2000년 전에 이미 이용되었다고 한다. 그레타섬의 라시티 분지에는 현재도 6000여 개의 풍차들이 남아 있으며 여름철에는 아직도 관개에 사용되고 있다.

고대 이집트에서 문명이 발상했고, 그리스, 로마의 고전 문명이 북상하여 오늘날의 유럽 문명의 기반을 구축하였듯이, 풍차기술 역시 같은 루트를 따라 전파하였다. 즉 지중해 일대에서 자란 풍차는 에스파니아와 포르투갈 혹은 이탈리아를 거쳐 북상하고, 중세에는 북유럽 일대에 보급된 것으로 믿어진다. 그 대표적인 풍차로서 소위 네덜란드 풍차가 완성되었다(그림 1.1).

물론 이 유럽 루트 이외에도 문명이 번창한 페르시아, 인도, 중국,

그림 1.1 네덜란드의 풍차

그리고 옛 동구권에도 독자적인 루트가 있다. 예를 들면, 10 세기의 아라비아 지질학자인 알 마우스디의 기록에 의하면, 수직축형 풍차의 원류(源流)인 패들풍차가 페르시아의 세이스탄 지방에서 관개용에 이용되었다고 한다.

(3) 풍차를 꽃피운 네덜란드

유럽에서는 12~13 세기 무렵부터 풍차 이용이 발전했다. 특히 네덜란드와 그 인근의 덴마크, 독일 북부 등의 낮은 지방에서 보급이 두드러졌다. 거기에는 몇 가지 이유가 있었다. 첫째로 북해의 강한 바람이 존재하여 풍차를 이용하는 데 유리했다. 둘째, 지대가 낮기 때문에 낙차가 큰 하천이 없었다. 따라서 당시 유력한 동력원이었던 수차의 이용이 불리했기 때문이다. 13~14 세기 무렵에 풍차는 잉글랜드에서 네덜란드 등의 저지대 지방, 북부 독일의 평원을 거쳐 라트비아, 러시아에 이르는 평원에 보급되어, 그 지방의 대표적인 원동기로 사용되었다.

그 중에서도 풍차의 혜택을 가장 크게 받은 나라는 네덜란드였다. 국토의 4분의 1이 간척지이고, 3분의 2가 해면보다 낮은 땅으로 이루어진 이 나라에서는 15 세기부터 풍차가 배수(排水)에 사용되었고, 16 세기 무렵부터 보급이 시작되었다. 그리고 17 세기에는 잔이라는 한 지방에서만 700대, 19 세기 중반에는 네덜란드 전국에서 약 9000대의 풍차가 가동하였다고 한다. 지금도 유서 깊은 네덜란드 풍차는 소중하게 보존되고 있으며, 여정(旅程)의 곳곳에서 목격되고 있다.

(4) 밀려나는 풍차

동력의 역사를 되돌아 보면, 풍차가 가장 번성한 때는 산업혁명의 초기까지의 시대, 즉 18~19 세기였다. 이 무렵 풍차는 제분이나 양수 뿐만 아니라 여러 가지 가공에 필요한 동력으로 활용되었다. 풍차는 중세에서부터 근세에 이르기까지 고도의 동력 기술로서 수차와 함께 크게 활약했다.

이러한 풍차의 자리를 앗아간 것은, 산업혁명 중에서도 동력혁명에 의해서 출현한 새로운 원동기, 즉 증기 기관이었다. 그라스고의 기기 제작자 제임스 와트(Watt, J.)가 증기기관을 완성한 것은 1765년이었다. 이 새로운 원동기는 석탄을 원료로 사용하여, 사람이 자유자재로 이용할 수 있는 무척이나 편리한 기계 장치였다. 그 결과 비교의 상대가 되지 않는 풍차와, 낙차가 있는 강이 흐르는 지방에서만 사용이 가능한 수차는 원동기로서의 왕자의 자리를 점차 잃게 되었다. 화석 연료를 태워 동력을 생산하는 열기관은 주야를 가리지 않고 조업하는 공장의 기계장치 운전에 안성맞춤의 효자였다. 세계의 중요 공업지대는 석탄을 생산하는 지역으로 집중했다. 풀튼(Fulton, R.; 미국)에 의한 기선의 운항(1807년), 스티븐슨(Stephenson, G.)의 증기 기관차 발명에 의한 철도의 개통(1830년)으로 이어진 발명, 발견과 그 실용화가 진전되어, 열기관은 산업혁명의 거센 폭풍우 속에서 급속하게 발전하는 광공업과 교통의 원동력을 떠 안게 되었다.

19세기, 유럽 전체로 볼 때 풍차의 수는 약 10만 대로 추산되고 있다. 전성기에는 9000 대에까지 이르렀던 네덜란드에서는 19세기

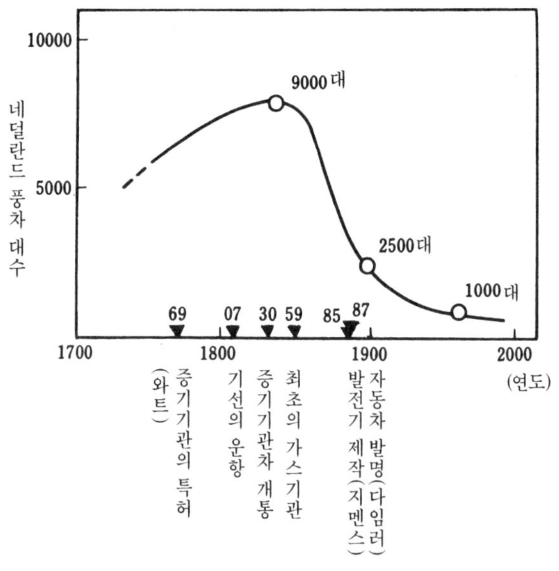

그림 1.2 열기관의 발명·발견 과정에서 본 네덜란드 풍차 대수의 추이

말에 이르자 약 2500대로 감소했다. 그리고 1960년경에는 1000대 정도가 가동하였다.

(5) 현대 문명으로의 진입

지멘스(독일)에 의해서 발전기가 제작(1867년)됨으로써 수송에 더없이 편리한 전력(電力)이라는 에너지를 얻게 되었다. 전력을 얻게 됨으로써 인간은 자연 에너지로부터의 이탈이 더욱 속도를 내기 시작했다.

그리고 20세기 중반부터는 석유의 시대로 옮겨져, 선진 공업국에서는 화력발전소가 산업의 심장이 되고, 전력망은 그 동맥이 되었다. 또 철도와 선박에 이어서 독일의 다임러가 발명(1882년)한 자동차에 의한 교통망이 물질의 수송망을 완성해 나갔다. 석탄, 디젤, 가솔린 등의 화석 연료가 제한 없이 사용되고 있다. 현대 문명이 요구하는 방대한 에너지는 무한대로 생산되는 화석 연료가 감당함으로써 고풍스러운 원동기인 풍차는 이제 그 사명을 다한 듯이 보인다.

1.2 다시 평가받는 풍차 – 풍력 르네상스

(1) 20세기의 끝 없는 도전

20 세기에는 항공기도 등장했고, 근대 과학으로서 유체역학, 공기역학 같은 학문이 완성되었다. 또 원리적 이해에 바탕을 둔 새로운 지식은 고성능 풍차를 설계하는 기술을 제공했다. 이 새로운 공기역학의 지식을 응용하여, 현대 풍차의 실현에 도전한 사람들이 있다.

그 한 사람이 미국 보스턴의 기술자인 파루머 패트남이다. 1939년에 그는 유체역학의 세계적인 권위자인 캘리포니아 공과대학의 테오돌 폰 카르만과 매사추세츠 공과대학 학자들의 협력을 얻어 지름이 53 미터인 2장 날개[2)]의 프로펠러형 풍차 설계에 착수했다. 풍차의 회전수는 매분 28회인데, 이것은 초당 78 미터에 이르는 속도를 날개 끝쪽에 부여한다.

한편, 설계 풍속은 매초 13 미터이고, 이때 풍차의 발전 출력은 1250 킬로와트이다. 날개 선단의 속도를 풍속으로 나눈 값, 즉 주

2) 풍차의 날개를 가리키는 용어는 원칙적으로 전통적인 풍차의 경우에는 '날개', 현대의 발전용 풍차의 경우에는 '블레이드'라는 용어를 사용한다.

속비(周速比)가 큰 것이 현대 풍차의 특징이다. 패트남의 설계값은 6이었으므로 이미 당당하게 현대 풍차의 부류에 드는 것이었다.

패트남이 설계한 풍차는 펜실베니아주의 모건 스미스회사가 제작하여 1941년에 버몬드주의 '아저씨의 혹부리산'이라는 산 꼭대기에 건설되었다. 그런 연고로 사람들이 이 풍차를 스미스 패트남 풍차라고 불렀다. 그 후 1945년 3월까지의 여러 해 동안 별반 고장도 없이 잘 돌았으나 마침내 날개 한 장이 그 뿌리 부근이 파손되고, 짓궂게도 이 날개가 다른 한 장의 날개에 부딪치는 사고가 발생했다. 풍차의 최대 워크 포인트는 날개를 고정하는 부분에 있다. 이와 같은 약점은 당시에도 이미 지적되었지만 전시중이었기 때문에 개량할 겨를도 없이 프로젝트는 중지되고 말았다.

현대 풍차의 선구자로는 패트남 외에도 20 세기 초반, 5~25 킬로와트의 풍차를 75 대나 설계한 덴마크의 라 크르 교수, 독일에서 프로펠러와 풍차의 설계 이론을 확립한 그라워트 교수 및 근년까지 독일 현대 풍차의 개발을 지도한 휘터 교수 등의 이름을 들 수 있다.

그러나 20세기 후반에 이르자 드디어 석유의 시대로 돌입했다. 그리하여 풍력은 사용의 불편함, 바람이 없는 지방에서는 쓸모가 없다는 지역적 편재성, 그리고 무엇보다 에너지 밀도가 낮다는 이유 등으로, 현대의 중화학 공업과 발달한 모터 리제이션의 문명에 있어서는 기대할 수 없는 에너지 자원이라는 평가를 받고 말았다.

(2) 그리고 지구환경 시대로

현대 문명은 참으로 풍요롭고 편리한 생활을 약속하고 있다. 그리고 현대 문명의 혜택을 누리고 있는 생물과 인간은 행복에 겹다. 그러나 그 그늘에서는 얼마나 많은 생태계가 멸망의 길을 걷고 있는가. 모든 환경의 변화는 먼저 약한 것, 적응력이 없는 것에서부터 영향을 미친다. 그 영향이 마침내 인간에게까지 미치게 되어서야 겨우 행동을 시작한다.

지구 온난화, 산성비, 산림 파괴, 사막화 같은 이른바 "지구환경 파괴"는 화석 연료를 대량으로 사용한 결과이고, 지구환경이 파괴되면 그와 더불어 생태계 밸런스의 파괴도 진행된다. 국제 정치의 무대에서 화석연료 사용의 시급한 절제와 에너지의 이용이 강조되고 있는 것도 이 때문이다.

풍력 에너지는 청정하고 고갈할 염려도 없는 재생 가능 에너지이다. 그래서 지금 풍력 에너지는 부흥의 시대를 맞이하고 있다. 이른바 풍력 르네상스 시대이다.

그림 1.3 캘리포니아의 윈드 팜

오늘날 유럽이나 미국, 인도에서는 윈드 팜이라고 하는 대규모의 풍차군이 건설되고 있다. 이 풍차로 발전기를 구동하고, 생산한 전력을 계통에 보내는 상업운전에 사용되고 있다(그림 1.3).

1.3 현대 풍차의 특징

(1) 풍력 터빈 발전기(WTGS)

19세기까지의 옛날 풍차는 제분이나 양수용으로 사용되었다. 바람에 의해서 구동되는 풍차의 기계적 동력은 풍차간 안에 설치된 연자매를 돌리거나 양수나 관개용 펌프를 구동하는데 사용되었다. 물론 지금도 그와 같은 목적에 사용할 수는 있다. 그러나 현대의 중형 또는 대형 풍차는 그 99%가 발전기를 구동하는 풍차 발전기이다.

풍차를 발전기에 사용하게 됨으로써 그 이용 가치가 보편화되었다고 할 수 있다. 연자매나 양수 펌프를 풍차간 안에 설치해야 하는 공간적 속박에서 해방되었고, 전력 케이블만 연결되어 있다면 어디서든 풍력 에너지를 이용할 수 있게 되었다.

이와 같은 배경도 있어, 이제 풍차는 제분을 위한 윈드밀(windmill)이 아니라 풍력 터빈(wind turbine)으로 불리워지고 있다. 그러나 풍차라는 명사에는 일종의 애착이 배어 있으므로 여기서는 풍차 터빈과 같은 뜻으로 사용하기로 하겠다. 또 풍차 발전기도 풍력 터빈 발전기라고 하여 WTG(Wind Turbine Generator)라든가 WTGS(Wind Turbine Generator System) 등의 약어가 사용되

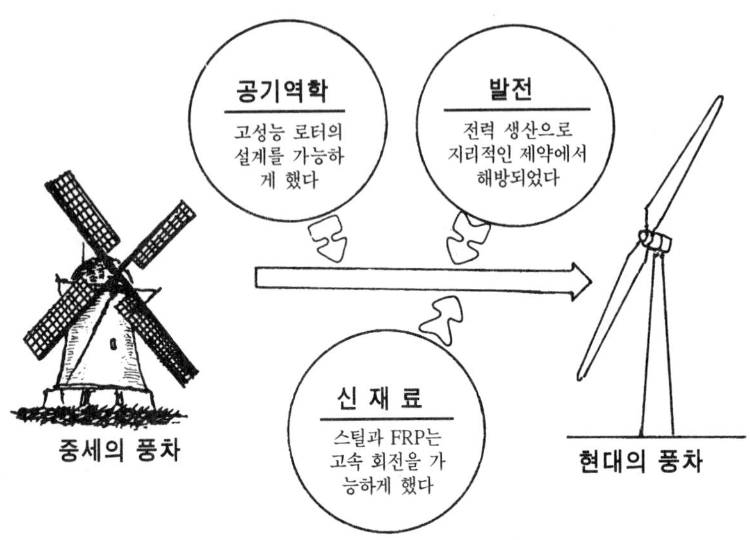

그림 1.4 중세 풍차를 현대 기술로 탈바꿈 시킨 신기술

고 있다.

(2) 고속·고성능 풍차

현대의 풍차는 고속과 고성능을 특징으로 하고 있다. 중세의 기술을 현대의 기술로 탈바꿈시킨 선두의 기술은 사람으로 하여금 하늘을 날게 한 공기역학이었다. 그리고 풍차 날개에 작용하는 양력이 풍차를 돌리게 된다는 이해가 고성능 풍차의 설계를 가능하게 했다. 그 결과 풍력 에너지의 50% 가까이까지를 동력으로 이용할 수 있게 되었다. 중세 풍차의 효율은 현재의 절반 수준인 25% 정도에 지나지 않았다.

공기역학의 이론에 따라 고성능 풍차를 설계하면 당연히 풍차의 회전 속도가 빠른 "고속형" 풍차가 된다. 고속으로 되면 날개에 가해지는 원심력이 커진다. 때문에 목재로 만든 중세의 풍차는 강도에 한계가 있어, 그 회전속도는 이상값(理想値)의 절반 이하가 된다. 그러나 가벼우면서도 강인한 신재료, 즉 각종 금속 재료와 강화 플라스틱 재료(FRP)의 개발과 그 가공기술은 고속으로 회전하여도 강도적으로 견디는 풍차기술을 발전시켰다(그림 1.4).

(3) 집합화와 대형화

1980년대 초반, 미국 캘리포니아 반사막의 구릉지대에 수십, 수백 대의 풍차군이 설치된 무렵부터 윈드 팜(wind fame)이라는 말이 유행하기 시작했다. 풍차군이란 집합형 풍차를 이르는 말이다. 유럽에서는 윈드 파크로 표현되기도 한다.

윈드 팜은 상업 운전되고 있는 풍력 터빈 발전기의 집합체인데, 현재 미국과 유럽 여러 나라에서 속속 건설되고 있다. 청정한 에너지 자원으로서, 또 지구 온난화 방지의 수단으로서 현실적으로 수량으로 승부하겠다는 것인데, 20 세기 말을 상징하는 현상인지도 모른다.

물론 크기로 승부할 수도 있다. 즉 대형기로 대처할 수도 있다. 대형화 측면에서도 과거 20년 동안 꾸준한 노력이 이어져 왔으며 풍차의 임펠러 지름이 100 미터에 이르는 것까지 개발되었다. 가장 큰 항공기인 점보기의 양쪽 날개 스판이 약 70 미터인 것에 비할 때 대형 풍차는 역시 거대 기술에 속한다.

풍차의 취득 에너지는 임펠러(impeller)의 회전 면적에 비례한다. 그러므로 풍차의 지름을 배로 하면 획득하는 에너지는 4배로 된다.

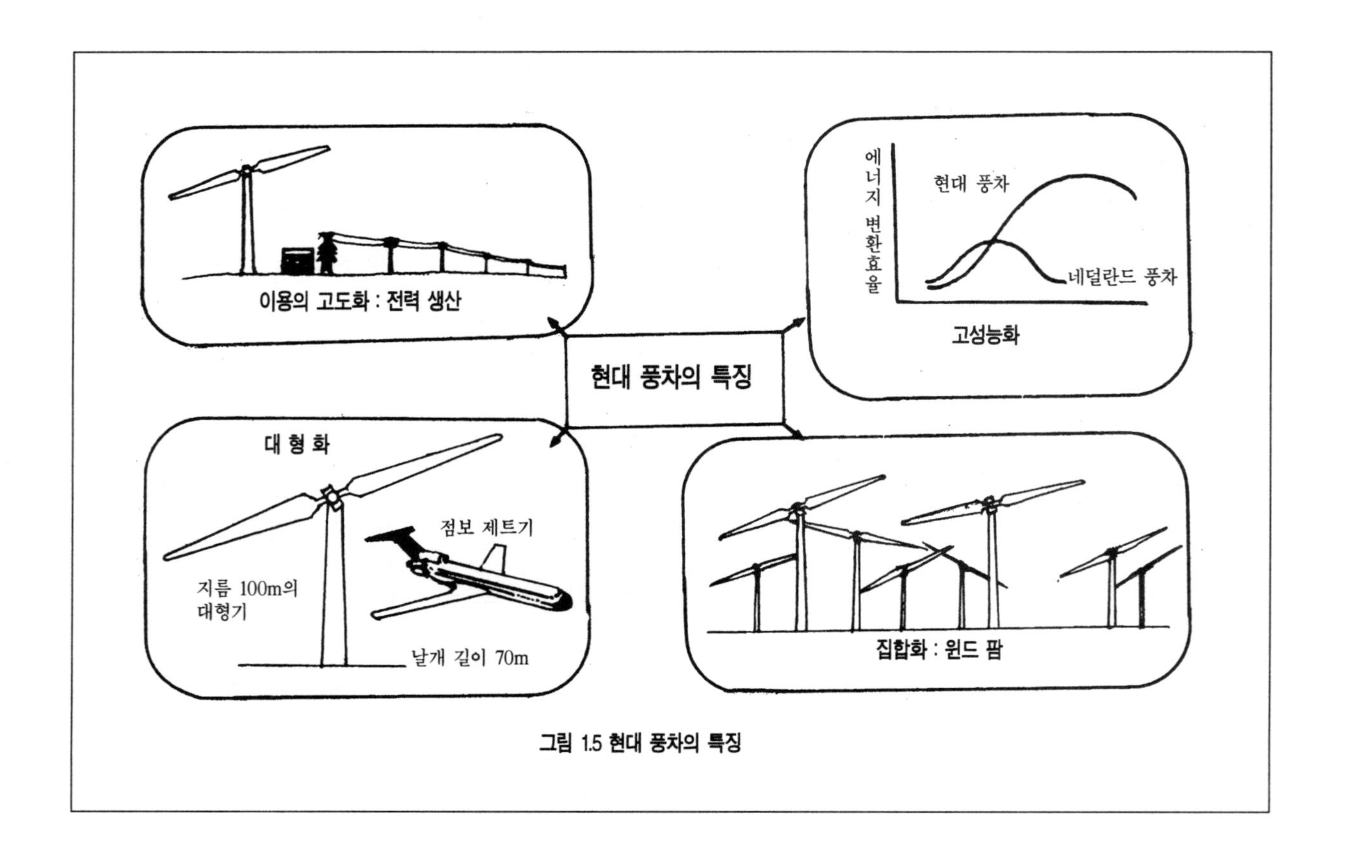

그림 1.5 현대 풍차의 특징

대형화 발상의 장점은 이것 뿐만 아니다. 풍차 지름이 커지게 되면 그에 비례하여 풍차도 높이 솟게 되므로 대형기일수록 보다 상공의 고속 바람을 포획하게 된다. 공기는 지표를 따라 흐르고는 있지만 지상 높이 방향으로도 분포되어 있다. 말하자면 3차원적인 흐름이다. 그런 의미에서 본다면 집합화(集合化)는 지표 바람의 2차원적 이용에 불과하며, 대형화는 그 3차원적인 이용을 가능하게 한다. 즉 집합화와 대형화의 복합이 입체적인 풍력 에너지의 이용을 실현하게 된다.

사실 이와 같은 노력은 결실을 맺고 있으며, 상업용 풍차 중 대형기의 출력 레벨은 캘리포니아에서 윈드 팜의 붐이 일어났던 1980년대 초반에 불과 50킬로와트급이 한계였으나 지금은 500~700킬로와트로 대형화되었고, 개중에는 메가와트(1000 kW)급도 모습을 보이고 있다(그림 1.5 참조).

1.4 에너지 자원으로서의 바람

(1) 바람의 힘

옛날부터 바람의 힘은 대지, 해양, 태양의 위력과 더불어 대자연의 4대 힘 중의 하나였다.

이 풍력은 공기의 흐름에 의한 운동 에너지이다. 바람의 운동 에너지는 가로막으면 압력으로 변한다. 그러므로 강풍을 받아서 몸으로 느끼는 바람의 힘, 즉 압력은 바람의 흐름이 갖는 운동 에너지와 같다. 우리들의 몸은 풍력 에너지의 센서인 셈이다.

(2) 에너지 자원으로서의 바람

풍차는 바람의 운동 에너지를 기계적 동력으로 변환하여 연자매나 펌프, 발전기를 구동하는 기계 장치이다. 단위 부피의 유체가 갖는 운동 에너지는 유체의 밀도와 유속의 두 제곱에 비례한다. 이 에너지가 바람을 타고 밀려 오므로 이 바람을 이용하여 획득하는 동력이나 발전 출력은 풍력의 세 제곱에 비례하게 된다. 이 바람 자체가 매우 유용한 에너지 자원이며, 이 지구상에 빈틈 없이 순환하고 있다.

(3) 어찌하여 바람이 부는가

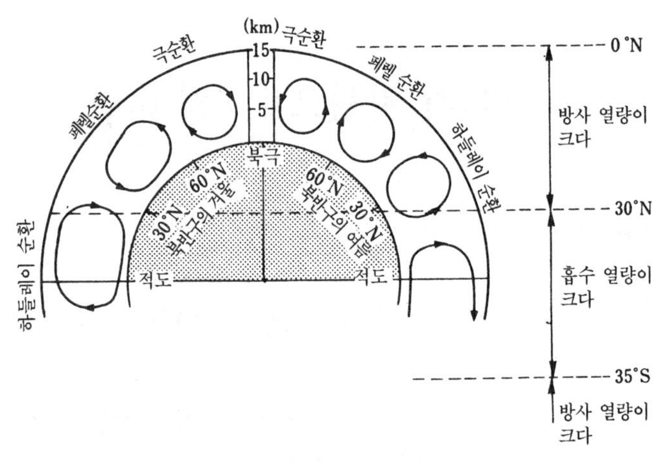

그림 1.6 지구 대류권에 발생하는 대기의 남북 순환

왜 바람이 불게 되는 것일까. 그것은 태양이 존재하기 때문이다.

지구는 태양의 방사(放射)에너지를 흡수하고, 일부를 반사하여 우주로 방사한다. 이 열량(熱量)의 수지(收支)를 전 지구력으로 보면, 적도를 중심으로 북위는 30도, 남위는 35도의 낮은 위도 지대에서 흡수되는 열량이 많은 편이다. 양쪽 극을 끼고 있는 나머지 두 높은 위도 지대에서는 지구에서 나가는 방사량이 많다. 태양에 의해서 데워진 공기는 가벼워져 상승하고 그 자리에는 찬 공기가 흘러든다. 지구 전체로 볼 때는 흡수 열량의 언밸런스에 의해서 커다란 공기 흐름의 순환이 이루어진다.

이러한 열적(熱的) 언밸런스로 인한 대기의 유동이 그림 1.6에 보인 바와 같은 하들레이(hadley) 순환, 페렐(Ferrel) 순환, 극순환을 만든다. 여기에 지구의 자전으로 인한 효과가 부가하여 남북 뿐만 아니라 동서 방향의 대기 순환이 형성된다. 무역풍, 편서풍, 제트기류 등은 이러한 대기의 순환에서 탄생하는 것이다.

이와 같이 대기 순환은 지구가 태양의 빛을 받는 한 영원히 발생한다.

이러한 대규모의 순환에 부가하여, 대륙과 대양의 효과, 지형, 계절 등에 의해서 지역적 혹은 국소적인 온도차가 생기고, 그 결과 저기압과 고기압이 발생하여 크고 작은 규모의 바람이 발생하게 된다.

(4) 대 류 권

지구를 둘러싼 대기의 층은 지상에서 높이 10수 킬로미터까지의 대류권(troposphere)과 그 상층의 높이 약 50 킬로미터까지의 성층권(stratosphere), 다시 그 위의 높이 약 80 킬로미터까지의 중간층, 그 위의 열권(thermosphere)으로 구분된다. 일반적인 기상 현상은 모두 가장 아래 층인 대류권에서 일어나고 있다. 10수 킬로미터 정도라고 하는 대류권의 두께는 지구의 반지름 6400킬로미터, 주위 전체 길이 4만 킬로미터에 비한다면 마치 식탁 위의 테이블 커버처럼 엷은 것이다.

대류권에서 일어나는 대규모의 대기운동 중에서 적도 부근의 낮은 위도에서 동쪽에서 불어오는 열대 무역풍과 중 위도대에서 서쪽에서 불어오는 편서풍이 탁월하다. 편서풍 중에서도 특히 빠른 흐름을 제트 기류라고 한다. 그 고도는 5~6킬로미터에서 10수 킬로미터이고, 풍속은 겨울철 매초 100미터에 이르는 경우도 드물지 않다. 항공기의 비행시간이 갈 때와 올 때에 차이가 생기는 것도 이러한 제트 기류를 타느냐 역행하느냐에 따라 다르기 때문이다.

이와 같은 고속 기류는 풍력 발전에 있어서도 매우 매력적이다. 그래서 제트기류 발전이라는 아이디어도 탄생했다. 예를 들어, 그 단순한 것으로는 지상에 계류한 비행선에 풍차를 설치하여 제트 기류가 부는 상공에 올리자는 것이다. 풍차로 발전한 전력은 송전선으로 지상에 수송해야 하겠는데, 고도가 수1000 미터에서 1만 미터나 되는 상공에서 지상까지 송전 케이블을 드리운다면 그 자중이 엄청나 끊어지고 만다. 그것을 방지하기 위해서는 도중에 여러 개의 양력(lift)장치나 별도의 비행선을 띄워 주면 된다. 하지만 말처럼 순조롭지 않은데 문제가 있다. 따라서 이와 같은 풍력발전을 실현할려면 송전선을 필요로 하지 않는 에너지 수송 기술의 개발이 필수적이다.

(5) 풍력 에너지의 큰 장점

풍력 에너지는 공기의 운동에서 유래하는 에너지이므로 달리 비교할 수 없는 청정한 에너지이다. 공기의 운동은 햇빛에 데워진 지구상의 공기 온도의 언밸런스로 발생하기 때문에 태양이 존재하는 한 풍력 에너지는 영원히 무상으로 얻을 수 있는 인류에게 있어서 불멸의 에너지이다. 이와 같은 에너지를 "재생 가능 에너지"라고 한다. 풍력 에너지 외에도 태양열·태양광 에너지, 수력 에너지, 파력(波力)·조력(潮力) 에너지 등, 많은 자연 에너지는 재생이 가능하다.

풍력 에너지가 청정한 이유는, 화석 연료처럼 온난화의 원인이 되는 이산화탄소나 황화물, 질화물 같은 유해한 배기 가스를 방출하지 않기 때문이다. 또 핵연료와 같은 다양한 준위의 방사성 폐기물질도 배출하지 않는다. 핵폭탄의 연료가 되는 플루토늄처럼 국제정치의 무대에서도 문제가 되지 않는다.

또 재생이 가능하기 때문에 우리 나라에 있어서는 귀중한 순국산 에너지이기도 하다. 특히 우리는 에너지의 대부분을 수입에 의존하고 있으며, 석유는 100% 해외에 의존하고 있다.

풍력 에너지 등의 재생 가능 에너지는 "살아 있는 태양 에너지"인데 비하여, 화석 연료는 "죽은 태양 에너지"라고 볼 수 있다. 석유, 석탄의 생성 프로세스는 아직 완전하게 해명된 것은 아니지만, 아득한 태고적에 태양의 빛을 받아 자란 동식물이 죽고, 그것에 오랜 세월에 걸쳐 지각의 운동이 가해져 만들어진 것으로 간주되고 있다. 게다가 이 화석 연료는 그 자체가 고갈되고 있다. 또 화석 연료의 연소로 지구의 위기가 초래되고 있다. 이처럼 화석 연료의 사용은 여러 가지 의미에서 죽음으로 이어진다. 그러나 살아 있는 태양 에너지는 그 자체가 태양 에너지와 지구의 운동으로 만들어진 천연의 에너지이고, 또 무엇보다 중요한 것은, 그 소비가 동식물의 죽음이나 희생을 전혀 요구하지 않는 점이다. 물론 사용 후에 어떠한 오염 물질도 남기지 않는다.

(6) 풍력 에너지의 단점

고갈될리 없는 청정한 풍력 에너지는 모든 면에서 우수하냐 하면 그렇지는 않다. 첫째로 에너지 밀도가 작은 것이 한 가지 결점이다.

같은 유속(流速)의 공기와 물을 비교하면, 물은 공기의 800배나 된다. 수차와 풍차는 마치 쌍둥이 형제와 같은 인류 최초의 원동기이다. 그러나 그 능력에는 큰 차이가 있다. 예를 들면, 낙차(落差) 580 미터인 구로베(黑部 ; 일본 도야마현에 소재)댐의 펠톤수차(Pelton Wheel)는 95,000 킬로와트의 출력을 내지만, 세계 최대의 풍차인 미국 하와이의 MOD-5B 풍차는 3200 킬로와트의 출력을 얻기 위해서는 약 100 미터의 프로펠러 지름을 필요로 한다. 따라서 이 풍차 30대를 가져야 겨우 일본 구로베의 수차 출력을 감당할 수 있다.

또 화력발전소나 원자력발전소의 발전기를 구동하는 증기 터빈에 비해서도 마찬가지이다.

불규칙성 혹은 간헐적인 성격이 또 하나의 단점이다. 바람에 의존하기 때문에 풍력의 발전장치 단체(單體)로는 바람이 멎으면 TV도 시청할 수 없다. 바로 이러한 결점 때문에 풍차는 연료만 있으면 언제 어디서든 자유롭게 사용할 수 있는 각종 열기관(熱機關)에 밀려나게 되었던 것이다.

오늘날 풍차기술의 가장 큰 과제는, 이 두 가지 결점을 보완함으로써 이용하기 편리한 장치로 만들어 내는데 있다.

우리나라의 풍력발전 현황(단위 : kW)

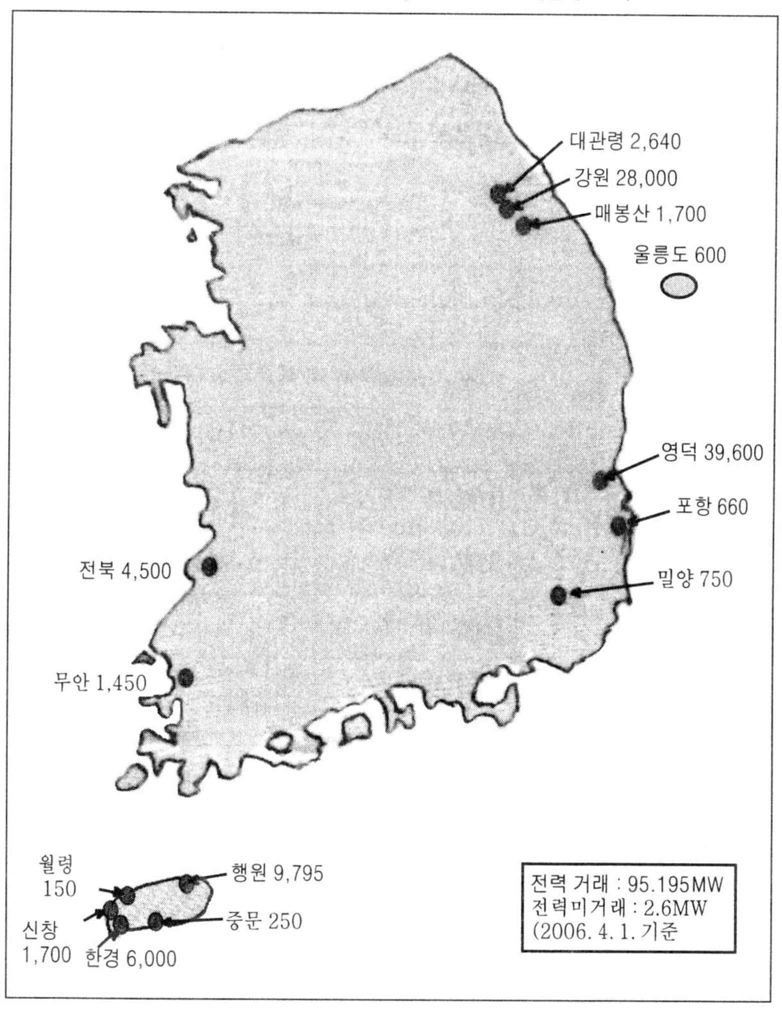

발전소명	위 치	사업주	시설용량	제작사	준공년월
전북	전북 군산시 비응도 동	전북도청	0.75MW×6대	NEG-Micon(덴)	2004. 10
밀양	–	–	0.75MW×1대	Vestas(덴)	–
무안	전남 무안	–	0.15MW×1대 0.55MW×1대 0.75MW×1대	Vestas(덴) Zond(독) Lagerway(네)	–
행원	제주도 북제주군 구좌읍	제주도청	0.75MW×5대 0.66MW×7대 0.60MW×2대 0.22MW×1대	NEG-Micon(덴) Vestas(덴) Vestas(덴) Vestas(덴)	2003. 4
월령	제주 월령	제주도청	0.1 MW×1대 0.03MW×1대 0.02MW×1대	Vestas(덴)	–
중문	제주 중문단지	관광공사	0.25MW×1대	독일	–
한경	북제주군 한경면	남부발전	1.5MW×4대	NEG-Micon(덴)	2004. 2
신창	신창리	제주도청	0.85MW×2대	–	2006. 3
영덕	경북 영덕군 영덕읍	유니슨(주)	1.65MW×24대	NEG-Micon(덴)	2004. 11
포항	경북 포항시 남구 대보면	경북도청	0.66MW×1대	Vestas(덴)	2001. 2
울릉도	경북 울릉군 울릉읍	경북도청	0.60MW×1대	Vestas(덴)	1999. 11
매봉산	강원 태백시 창죽동	태백시청	0.85MW×2대	Vestas(덴)	2004. 12
대관령	강원 평창군 도안면	강원도청	0.66MW×4대	Vestas(덴)	2004. 8
강원	강원 횡성군	강원풍력	2.0MW×14대	Vestas(덴)	2005. 12
계			97.795MW		

1.5 풍향의 관측

(1) 바람이 강한 지역을 탐색

풍차 출력은 풍속의 세 제곱에 비례한다. 그러므로 풍속이 배로 되면 풍차 출력은 8배로 된다. 때문에 풍차를 건설할려면 바람이 있는 곳, 또 조금이라도 바람이 강한 곳을 찾게 마련이다. 물론 우리 인간들은 계절에 따른 바람, 예컨대 늦봄의 오솔바람, 가을의 태풍, 겨울철의 매서운 계절풍 등을 생활을 통하여 인지하고 있다.

일본에는 기상청이 운용하는 아메다스(AMEDAS ; 지역 기상관측 시스템)라는 관측망이 있다. 일본 전국에 1319개의 관측 지점을 가진 자동 기상관측 네트워크인데, 1970년대에 정비되었다. 이 중에서 강우량, 기온, 풍향 풍속을 관측하는 곳은 838개소이다. 풍

그림 1.7 하와이섬 사우스포인트의 편형수

속의 관측은 지상 높이 6.5미터를 기준으로 하고 있다. 지역적으로 볼 때 일반적인 경향은 제주도나 울릉도 같은 도서지역, 해안지역, 그리고 지형적으로 바람의 통로를 형성하는 산악부에 강한 바람이 분포한다.

우리나라에서 가장 안정되고 또 지속적으로 부는 강한 바람은 전국적으로 겨울철의 계절풍이라 할 수 있다. 여름이나 가을철에 내습하는 폭풍과 태풍은 매우 강한 바람이지만 빈도가 작아 풍력발전에는 쓸모 없는 바람이다. 또 대시(Darcy) 바람이라든가 보라(bora)라고 하는 국지 바람도 있다. 대부분이 매초 10 미터 이상, 그 중에는 매초 30 미터를 넘는 강풍을 동반하는 것도 있다.

(2) 한 쪽으로 뻗은 가지로 풍속을 잰다

바람이 불면 나무들은 잎이 살랑거리고, 또 바람이 거세지면 가지까지 크게 흔들린다. 풍압은 풍속의 두 제곱에 비례하므로 풍속이 빨라질수록 나무의 변형이 크다. 이것은 순간적인 수목의 거동이라 할 수 있다.

탁월풍이 있는 강풍 지대에서는 수목에 항상적(恒常的)인 편형(扁形)이 생겨서 가지가 탁월풍 방향으로 뻗거나 줄기가 굽어지기도 한다. 설악산 대청봉이나 덕유산 정상에서 보면, 큰 나무의 가지가 한 쪽 방향으로만 뻗어 있는 것을 목격한 경험이 있을 것이다.

윈드 팜이 있는 하와이섬의 사우스포인트는 미국 최남단에 위치하는 지점이지만, 그 곳을 방문한 사람이라면 누구나 풍차를 설치하기에 적합한 곳이라는 것을 한 눈에 알 수 있다고 한다. 구릉(丘陵)이 평탄하고 높이 자란 나무가 드물며, 곳곳에 전형적인 편형수(가

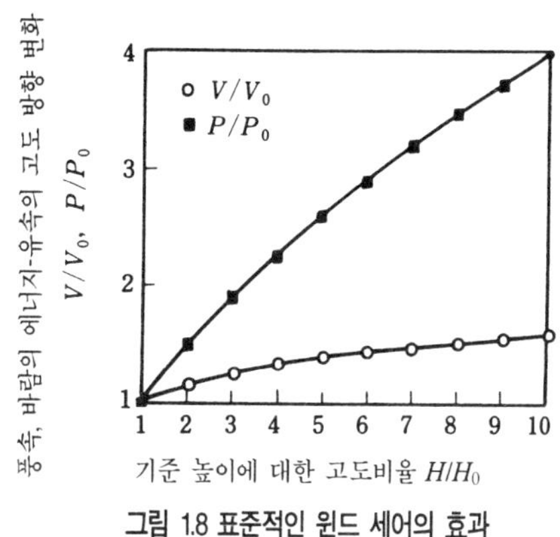

그림 1.8 표준적인 윈드 세어의 효과

지가 한 방향으로 뻗은 나무)가 생성하고 있기 때문이다(그림 1.7).

바람이 거센 평지나 구릉지대, 산악 등에서는 나무가 높이 자라지 못한다. 암석이나 토양이 노출되거나 난쟁이 관목들이 섞여 있는 초지 아니면 찌드른 소나무가 자라는 것이 일반적이다.

먼 곳을 여행하다, 처음 보는 지역에서도 그 곳이 강풍지대인가를 알려면 이와 같은 편형수 외에 지붕을 관찰하는 방법도 있다. 오늘날에는 그 모습을 찾아 보기가 쉽지 않지만 옛날 제주도의 초가집 지붕에는 바람에 날리지 않도록 눌림돌이 놓여 있었고, 대형 풍차가 세워져 있는 스페인의 카보바라노에서도 같은 모습을 발견할 수 있다.

(3) 윈드 세어

윈드 세어(wind sheer)란 풍속의 높이 방향의 분포를 이르는 것인데, 대기의 경계층이라고도 한다. 보통 바람은 지상 10 미터 정도의 높이에서 계측하게 된다. 그러나 예컨대 지름이 50 미터나 되는 대형 풍차인 경우에는 타워의 높이도 50 미터나 되므로 풍차의 날개는 지상 25~75 미터의 고도 범위를 돈다. 일본의 선샤인 계획은 대형기의 개발을 목표로 최대 140 미터 고도의 풍황까지 측정하고 있다.

윈드 세어의 효과를 그림 1.8에 보기로 들었다. 예컨대 기준 높이(H_0) 10 미터에서의 풍속과 단위 면적당 유입하는 바람의 에너지 유속을 각각 V_0, P_0로 하고, 임의의 높이 H에서의 풍속과 에너지 유속을 V, P로 한다. 고도 방향으로 풍속과 에너지가 얼마나 증가하는가를 엿볼 수 있다. 특히 에너지 증가는 매우 크며, 이것은 "세제곱의 효과"에 의한 것임을 알 수 있다.

1.6 풍력도(風力圖)

(1) 세계의 풍력도

풍력 개발을 위해서 뿐만 아니라 농업이나 항해, 혹은 건설분야에서도 바람의 이용 혹은 대책은 인간 활동에 있어서 매우 소중하다.

바람의 세기를 세계 지도에 기록한 것이 그림 1.9이다. 이 풍력도는 정격 풍속이 11 미터/매초(매시 25 마일)의 풍차 이용률로 풍력에너지를 평가하고 있다. 이 이용률이란, 풍차의 연간 발전량(킬로와트/시)를 풍차의 정격 출력(킬로와트)으로 나눈 것으로, 한 해를 통하여 정격 풍속 이상의 바람이 계속 불면 최대 값 8760 킬로와트시/킬로와트란 값을 취한다.

이 지도를 보아서 알 수 있듯이, 풍차 이용의 전통을 간직한 북해 연안에는 분명히 바람이 강하다.

최근에는 북미지역 및 서유럽에서도 풍력발전 시스템의 상업 이용이 발전하여 상세한 풍황도가 만들어지고 있다.

(2) 유럽의 풍력지도

유럽에서는 덴마크의 리소연구소가 유럽의 풍력도를 작성한바 있다. 이 풍력도는 풍력을 계층화하고 색깔도 표시한 지도이다. 이 지도는 풍력 도입의 가능성을 가늠하는 지침이 된다.

덴마크의 리소연구소는 이와 같은 풍력도를 다색도로 출판하는데 머무르지 않고, 풍황 데이터를 이용하여 특정한 지방의 풍속 분포를 계산하는 해석 소프트웨어 "WASP"도 판매하고 있다.

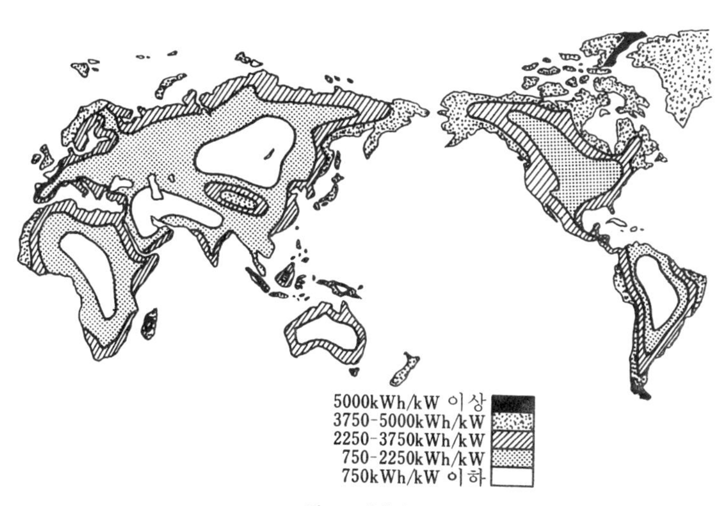

그림 1.9 세계의 풍력지도

(3) 풍력도의 예

일본도 10여 년 전 그린 에너지 계획에 따라 풍력의 부존량을 나타내는 지도를 작성한 바가 있다. 그러나 그것은 일본 기상청의 아메다스 데이터에 의존한 것이었으므로 반도 모양으로 된 곶 등에서는 풍력 에너지 추정에 오차가 있었다. 때문에 선샤인계획 아래 신에너지·산업기술 종합개발기구(NEDO)가 아메다스 데이터 737지점을 베이스로, 기상청의 고층 관측데이터 9개 지점, 기타 관공서의 관측 데이터, 민간의 데이터를 보강한 합계 949개 지점에 대하여 1980년부터 1989년까지 10년간의 풍황 데이터를 바탕으로, 지형데이터 인자를 고려하여 각지의 풍황을 예측하는 전국 풍황도 계산 프로그램을 개발하였다. 또 곶 등의 풍황 계산 보정식을 도입하여, 연안지역에 대한 보다 합리적인 평가를 가능하게 했다.

이 데이터를 바탕으로, 80년대 후반 일본 전국에 어느 정도의 풍차를 건설할 수 있을 것인가를 계산한 적이 있다. 다소 어설픈 예측이긴 하였지만, 로터 지름 50 미터의 대형 풍차라면 전국에 약 5500 대 내지 1만7000 대의 설치가 가능하고, 그 발전 규모는 약 3300 메가와트 내지 1만1000 메가와트일 것으로 추산되었다. 이것은 일본의 전 발전 설비용량의 약 2.2 퍼센트 내지 7.5 퍼센트를 풍력발전이 담당할 수 있다는 수치이다.

1.7 바람의 특성과 풍차 도입

(1) 연간 평균 풍속

연 평균 풍속의 값은 그 지역에 부는 바람의 강약을 아는 유력한 평가의 척도가 된다.

풍차의 공학적 특성으로 보면, 풍차는 풍속이 매초 3 미터대에서 기동하여 파워를 발생하지만 설계 여하에 따라서는 매초 2 미터대에서도 가능하다. 따라서 연간 평균 풍속이 매초 4 미터 이상이면 연중 많은 일수 풍차를 운전할 수 있다.

그러나 풍차의 출력이 풍속의 3 제곱에 비례하는 사실을 상기할 때 연 평균의 풍속이 2배로 되면 같은 풍차의 발생 전력량은 약 8배가 될 것이다. 만약 상업운전을 하고 있다면 매출이 8배로 늘어난다는 것을 의미한다. 반대로 연중 평균 풍속의 값이 작아지면 기술적으로는 풍차의 운전이 가능하지만 발전 단가가 높아진다.

이처럼 풍차의 건설 가능성은 연 평균 풍속과 코스트의 상관 관계로 결정된다. 그러나 장차 양산(量産)기술과 에너지 저장 기술이 발전되어 풍차의 코스트를 낮출 수 있게 된다면 풍차 이용이 가능한 지역은 보다 저풍속 지대로 확대될 전망이다.

(2) 풍차의 등급 분류

풍차 도입의 가능 지역을 연중 평균의 풍속에 따라 분류하는 것은, 풍속이 낮은 지대의 입지 가능성을 말소시킬 위험성을 내포하는 것이지만 그래도 풍차 도입의 가이드 라인으로서 가늠이 된다. 또한 어떠한 풍차가 강풍지역에 적합한가, 중풍 지역에 적합한가의 대략적인 분간을 할 수 있으므로 각 지역에 적합한 풍차를 선택하는데 지침이 된다.

일반적으로 다음과 같은 추정값을 제시하고 있다.

연 평균 풍속	4 미터/매초 이하	목적에 따라
	4~6 미터/매초	가능(공학적으로 가능)
	6~8 미터/매초	양호(상업적으로 가능)
	8 미터/매초 이상	우수

위의 추정은 어디까지나 현재 시점에서의 추정이고, 환경 보호를 보다 중시하거나 석유 가격이 폭등하거나 혹은 원자력 발전 기술에 중대한 지장이 발생하는 경우, 그리고 값싼 에너지 저장기술이 개발되어 경제적으로 풍력 에너지를 저장할 수 있게 된다면 앞에 제시한 지표보다 풍속이 훨씬 낮은 쪽으로 시프트하게 된다.

ICE(국제전기표준회의)가 제정한 「풍력발전 설비의 안전 기준」에는 풍차의 등급을 표 1.2와 같이 나누고 있다. 이 표가 의도하는 바는, 강도 설계나 내구성 측면에서 원래는 풍차 건설 사이트의 바람 특성에 의존하여 천차만별로 이루어지던 풍차 설계를 몇 가지 등급으로 나눔으로써 풍차의 표준화를 촉진하고, 더 나아가서는 보급에 기여하자는 데 있다.

S급은 특별한 급으로서, I급보다 엄격한 조건의 사이트에 건설하는 풍차가 대상이다. 태풍이 내습하거나 산간 지대에서는 난류 성분이 크기 때문에 장소에 따라서는 이 S급의 설계를 한다.

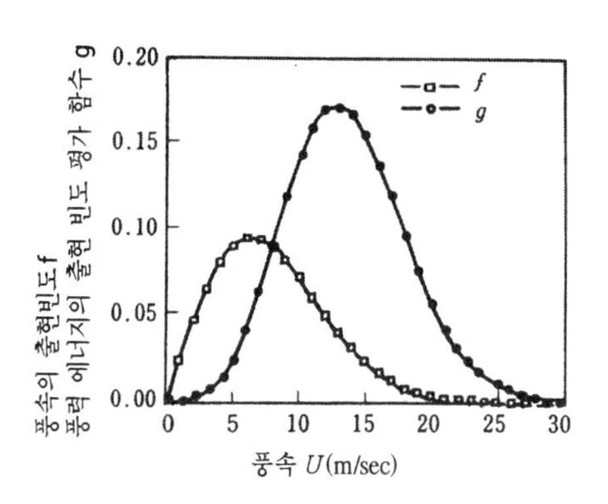

그림 1.10 바람의 출현 빈도 분포의 예

표 1.2 IEC의 풍력 터빈 분류

		풍력 터빈의 등급				
		I	II	III	IV	S
기준 풍속(m/s)		50	42.5	37.5	30	제조업자가 설정
연평균 풍속(m/s)		10	8.5	7.5	6	
연평균 변화도	A	0.18	0.18	0.18	0.18	
	B	0.16	0.16	0.16	0.16	

(3) 바람의 특성과 풍차의 도입

중풍속이거나 혹은 고풍속 지대라고해서 어떠한 풍차나 도입할 수 있는 것은 아니다. 풍차의 특성과 바람의 특성이 상성(相性)이 맞지 않으면 안 된다. 즉 풍차를 운전하는 풍속의 범위가, 바람이 부는 출현 확률이 높은 범위와 대략 일치하지 않으면 안 된다.

더 상세한 설명은 풍차의 최적 설계에서 다시 하겠지만, 자연적으로 출현하는 다양한 세기의 풍속에 대하여 최대 연간 발전량을 얻는다고 하는, 최적 기법을 적용하면 풍차의 정격 풍속은 연 평균 풍속의 대략 1.3~1.5 배 정도가 된다.

즉, 풍차를 설계할 때에는 단지 건설 측면의 연 평균 풍속을 인지할 뿐만 아니라 풍속이 출현하는 빈도 분포도 필요하다. 그림 1.10 은 평균 풍속을 8 미터/매초로 한 표준적인 분포의 예이다. 풍속 U 의 출현 빈도 f 의 피크는 풍속 6 미터/매 초 부근에 있다. 그러나 3 제곱의 효과를 고려하여, f 에 평균 풍속으로 나눈 값의 세 제곱을 곱한 g에 의해서 풍력 에너지를 평가하면, 피크값은 풍속이 약 13 미터/매 초 때에 얻어진다. 예를 들면, g의 값이 0.02 이상이 되는 풍속 영역은 4~23 미터/매 초이고, 이것을 풍차의 운전 범위로 하는 것은 합리적이다.

풍차를 도입할 때에도 건설 지점의 바람 특성에 합치되는 풍차를 도입하기 위해서는 역시 풍속의 출현 빈도 분포를 예측하거나 가능하다면 실측하는 것이 좋다. 풍력 도입이 미숙하게 되면 바람의 상태와는 부합되지 않는 풍차를 도입하여, 풍차가 회전하지 않는 사태를 당할 수도 있고, 발전 단가가 상승하게 된다.

Chapter 2

풍차 공학 (風車工學)

2.1 풍차의 분류

(1) 프로펠러형 풍차

TV나 화보를 통해서도 잘 알려진 네덜란드 풍차와 세일윙형의 그리스 풍차, 또 현대 풍차의 주류인 풍력 터빈은 모두 프로펠러형 풍차에 속한다(그림 2.1). 이것은 겉 보기와 회전방법이 프로펠러와 비슷하다는 단순한 이유에서이다.

풍차와 프로펠러는 어떻게 다른가 하는 것을 논한다면 다소 이상한 이야기가 된다. 에너지의 출입으로 보면 풍차란, 바람의 운동에너지를 기계적 에너지로 변환하는 장치이다. 그리고 프로펠러는

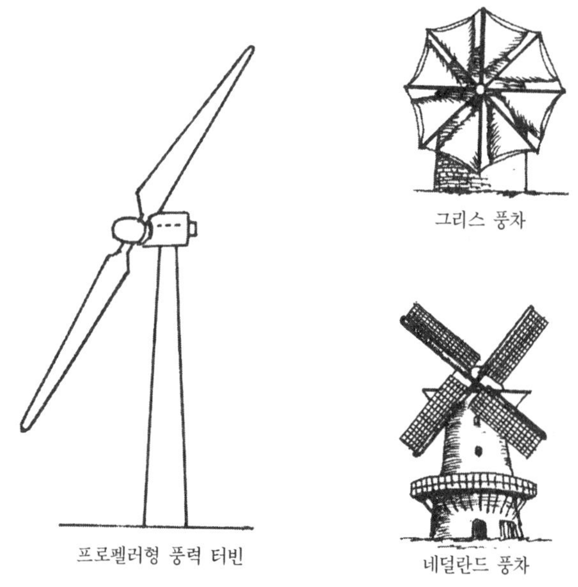

그림 2.1 프로펠러형 풍차

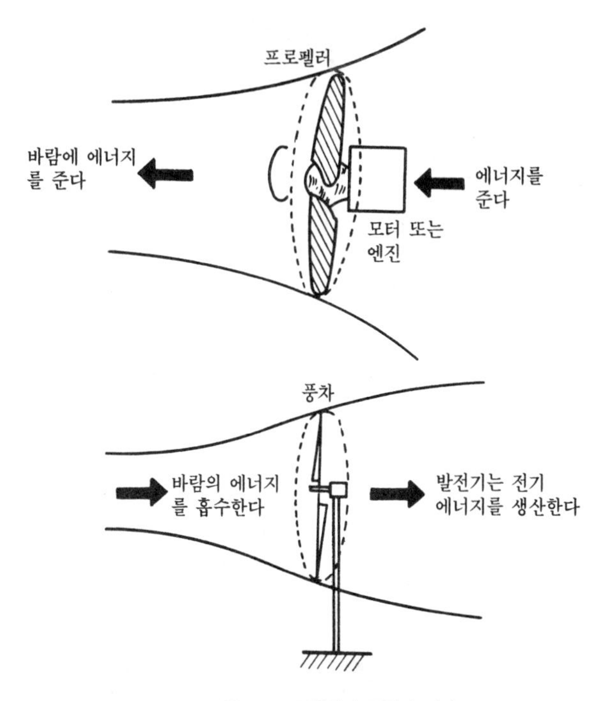

그림 2.2 프로펠러와 풍차의 차이

엔진으로 구동하여 주위의 바람에 운동 에너지를 부여하거나 혹은 상대적 운동의 결과로 자기 자신이 추력을 얻는 장치이다. 즉 풍차와 프로펠러는 원인과 결과가 반대인, 다시 말해서 에너지의 변환방향이 전혀 반대이다(그림 2.2).

프로펠러형 풍차의 원리적인 특징은, 블레이드에 발생하는 양력(lift)을 이용하는 것이므로 양력 이용형 풍차라야 고속형 고성능 풍차가 될 수 있다. 그리스 풍차나 네덜란드 풍차는 현대의 풍차 터빈에 비하면 결코 고성능 풍차가 아니었지만, 그래도 오랜 세월동안 실용된 것은 경험적으로 풍차 구동의 본질인 양력이라는 힘을 이용하였기 때문이다.

(2) 다리우스 풍차

현대의 대표적인 풍차는 우아한 모습의 다리우스 풍차이다. 그리고 세계에서 가장 큰 풍차는 캐나다의 퀘백주 캡프샤에 있는 로터(rotor ; 회전 날개 바퀴) 지름이 64 미터, 정격 출력 4 메가와트의 EOEL기이다(그림 2.3).

다리우스 풍차는 겉 보기로도 프로펠러형 풍차와 다르고, 유체의 흐름에 대한 블레이드가 도는 방식도 다르다. 이 형식의 풍차는 로터의 회전축이 지면에 수직이므로 수직형 풍차로 분류된다. 그리고 그 가장 큰 특징은 프로펠러형 풍차처럼 로터를 바람에 추종시킬 필요가 없는데 있다. 그러나 양력을 이용하는 점에서는 완전히

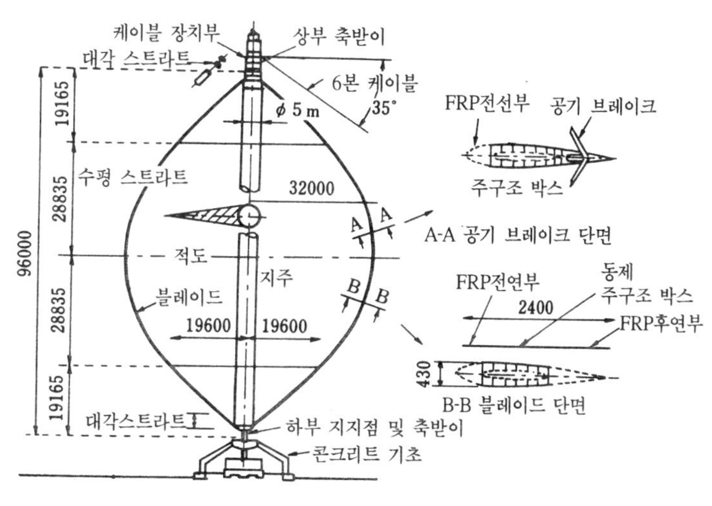

그림 2.3 세계 최대의 다리우스 풍차, EOLE기(캐나다)

현대 풍차의 부류에 속하고, 성능도 프로펠러 풍차와 큰 차이가 없다.

다리우스 풍차는 1925년에 프랑스 사람 다리우스에 의해서 발명된 풍차이다.

(3) 풍차의 분류

현대의 풍차와 중세 풍차(엄밀하게 표현한다면 고대에서 근세까지의 풍차이지만 이것을 압축하여 중세의 풍차라 표현하기로 하겠다)의 분류는 시간축에 바탕한 분류이지만, 현대라는 말 속에는 기술적인 본질적 진보도 포함되어 있다. 공기역학의 도입을 비롯하여, 재료면에서도 돌이나 목재, 천으로부터 스틸과 FRP(유리섬유 강화 플라스틱) 등으로 바꾸어졌다.

현대 풍차와 중세 풍차의 비교는 고성능 풍차와 저성능 풍차의 비교이고, 이것은 또 고속형 풍차와 저속형 풍차의 대비(對比)이기도 하다. 현대 풍차의 회전 블레이드 끝쪽의 속도는 빠른 것은 매초 100 미터에 가까운 것도 있다. 옛날 풍차는 넉넉잡아 매초 40 미터이다. 목재로 만든 블레이드는 고속으로 회전할 때 재료 강도를 유지할 수 없었다(표 2.1. 참조).

고속형이 고성능인 이유는, 블레이드에 작용하는 양력이 크다는 공기역학의 원리에 의해서이다. 양력을 이용하고, 고속으로 회전하는 것이 현대 풍차, 고성능 풍차의 관건이다. 그 이유는 뒤에서 설명하겠다.

이렇게 고찰하여 볼 때, 양력을 이용하느냐 않느냐가 풍차를 특징 짓는 핵심 포인트인 것을 알 수 있다. 이런 까닭에 양력형 풍차와 항력(抗力)형 풍차라는 분류는 많은 연구자들의 지지를 받고 있

표 2.1 현대의 풍차와 중세 풍차의 비교

	중세 풍차	현대의 풍차
성능	저성능	고성능
회전속도	저속	고속
블레이드 재료	목재 또는 천	금속재, FRP, 탄소재료
용도	제분, 양수	발전이 위주
동작 원리	양력, 항력	양력
지식	경험	공기역학

다. 프로펠러 풍차와 다리우스 풍차는 모두 양력형이고 옛날, 즉 중세 풍차로 분류한 네덜란드 풍차와 그리스 풍차 역시 모두 양력형 풍차이다. 다만 후자의 경우는 저속 회전이었기 때문에 현대의 풍차에 비하면 그 성능이 절반 정도, 높게 잡아도 3분의 2 정도에 지나지 않았다.

한편 대표적인 항력(drag)형 풍차인 패들풍차(Paddle windmill)와 사보니우스 풍차(Savonius windmill)의 성능은 양력형 풍차의 3분의 1 이하이다.

(4) 풍차의 일반적인 분류

현재 가장 일반적인 분류 방법은 풍차의 회전축이 수평으로 놓여져 있느냐, 수직으로 놓여져 있느냐 하는 구조상 특징에 따른 분류이다. 즉 수평축형 풍차인가 수직축형 풍차인가의 분류이다(그림 2.4). 수직축형 풍차는 풍차 로터의 회전면을 풍향에 추종시키는 방위 제어장치가 필요 없는 것이 특징이다.

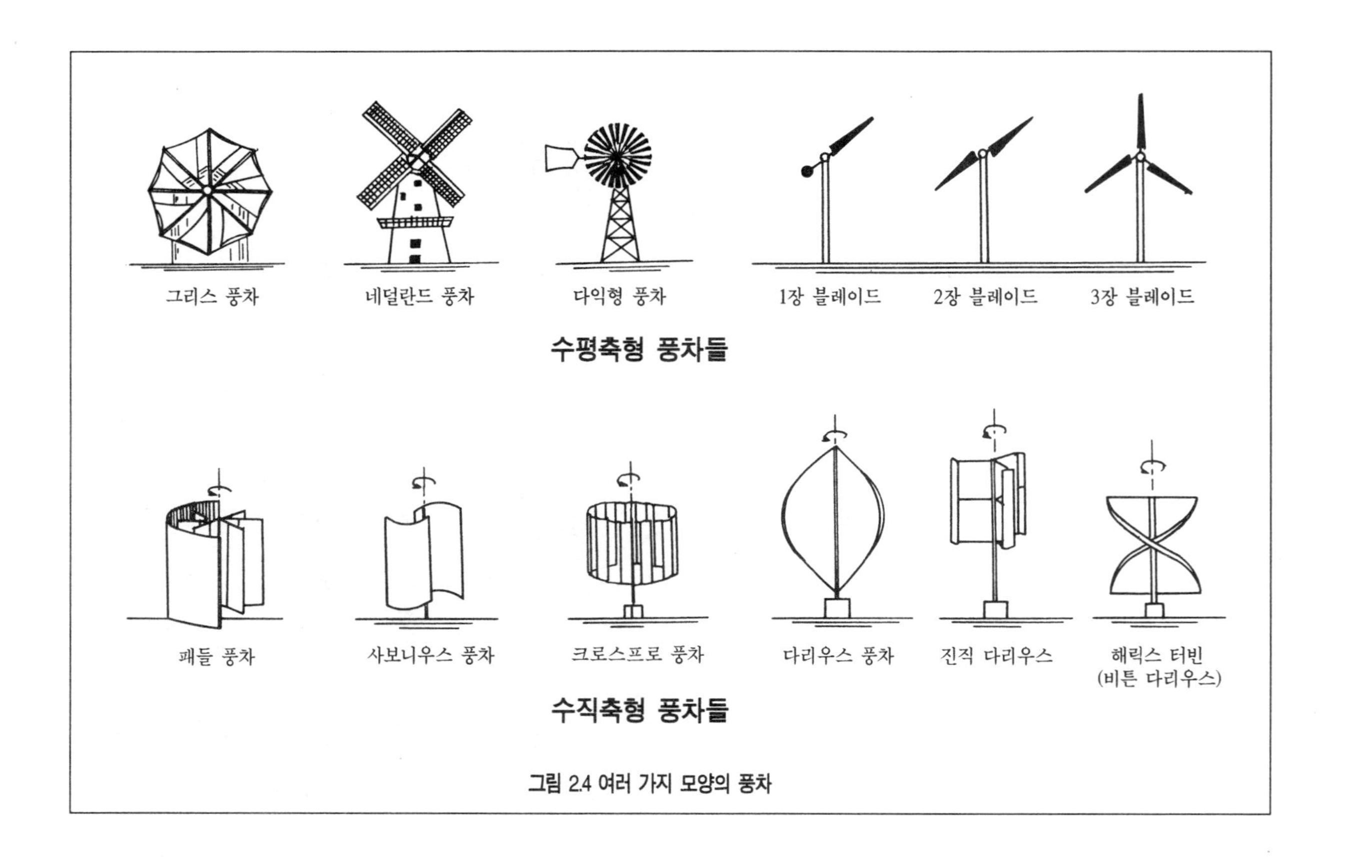

그림 2.4 여러 가지 모양의 풍차

진직(眞直) 다리우스 풍차라는 것은 다리우스 풍차와 형제지간이라 할 수 있다. 다리우스 풍차와 다른 점이 있다면, 블레이드가 활처럼 되어 있지 않고 스트레이트인 점이다. 따라서 다리우스 풍차처럼 블레이드에 가해지는 장력과 원심력을 상쇄시킬 수 없다. 하지만 블레이드의 제작이 용이하고 값이 싼데 메리트가 있다. 진직 다리우스 풍차를 개량한 것이 자이로밀 풍차이다.

다리우스 풍차에서는 블레이드의 피치제어(블레이드의 설치각을 비트는 조작)가 불가능하고, 그 때문에 기동력을 상실하는 결점이 있지만 진직 블레이드로 하면 피치제어가 가능하고, 그로 인하여 기동력을 얻을 수 있다. 또 블레이드가 1회전하는 사이에도 최대의 토크가 발생하도록 피치각을 조작할 수도 있다. 진직 다리우스의 구조를 이용하여 가변 형상의 풍차를 개발한 예도 있다.

2.2 풍차공학의 기초 지식

(1) 양력과 항력

양력형이 왜 우수한가. 이것을 이해하기 위해서는 유체의 힘에 대하여 살펴 볼 필요가 있다. 압력, 부력, 양력, 항력은 모두 유체(fluid)가 물체에 미치는 힘, 즉 유체력이다(그림 2.5).

이 중에서 압력은 유체의 존재 그 자체가 모든 물체 표면에 미치는 힘이다. 또 부력은 예컨대 풍선이나 주전자 속에서 끓는 수증기의 기포처럼 비중의 차이로 발생하는 힘이다. 이 압력과 부력은 유

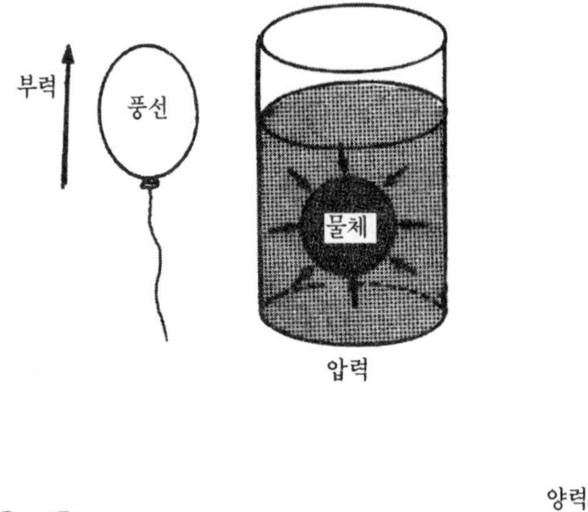

그림 2.5 다양한 유체의 힘

체가 정지하여 있어도 발생하는 힘이므로 유체의 정역학적(靜力學的)인 힘이다.

그러나 풍차에서는 이러한 정역학적인 힘은 이용되지 않는다. 하기야 지구에 태양이 내려 쪼여 지표와 해면이 데워지고, 그로 인하여 대기의 대류가 발생할 때, 이 대류, 즉 데워져 가벼워진 공기의 상승 기류 발생은 바로 이 부력 덕분이고, 바람을 발생하는 것은 이 부력이라고 할 수 있다.

양력과 항력은 유체의 운동을 초래하는 힘이다. 그러므로 정역학적 힘에 비하여 유체의 동역학적 힘이라고 한다.

가장 알기 쉬운 예는 항공기에서 볼 수 있다. 항공기는 날고 있는 동안에는 공중에 떠 있다. 날개에 양력이 발생하고 있기 때문이다. 그러나 엔진이 정지하여 추진력을 잃으면 추락한다. 이처럼 동역학적 힘은 유체가 운동하고 있을 때 비로소 발생한다. 유체와 물체 사이에 상대 속도, 즉 속도의 차이가 없으면 이 힘은 제로이다.

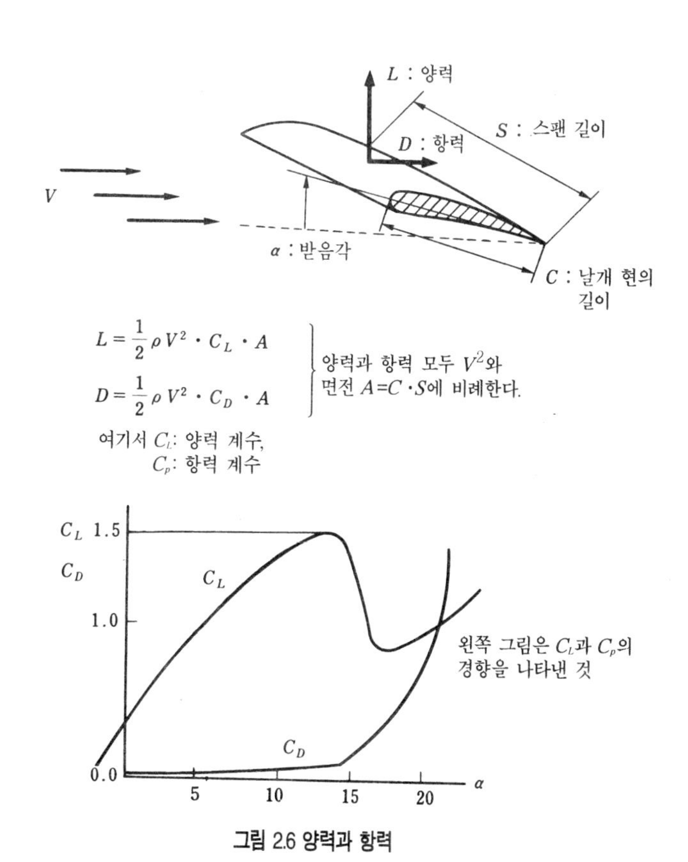

그림 2.6 양력과 항력

여기서 한 장의 날개를 생각하여 보자. 이 날개에 작용하는 동역학적인 힘을 흐름 방향의 성분과 흐름에 직각인 성분으로 나누었을 때, 전자를 항력, 후자를 양력이라고 한다. 풍동에 날개를 넣고 시험을 하면 곧 알지만, 양력과 항력은 날개의 표면적과 풍속의 두 제곱에 비례한다. 물론 날개에 부딪치는 바람의 방향에 따라 두 힘은 여러 가지로 변화하게 된다. 즉 예컨대 날개에 대하여 6, 7도의 각도로 공기가 흐를 때 양력은 항력의 100 배나 크다. 같은 재료, 같은 면적, 같은 유속에서 100 배나 크다면 누구나 양력을 이용하게 된다(그림 2.6).

양력이 유속의 2승에 비례하므로 필연적으로 양력형은 고속형이 된다. 그리고 여기서 말하는 유속이란 바람의 속도를 이르는 것이 아니라 바람과 풍차 블레이드의 상대 속도를 말한다. 그러므로 풍차의 블레이드 자신이 고속으로 회전하면 할수록 상대 속도가 커진다. 자기 자신이 보다 빠르게 운동함으로써 보다 큰 공기력을 얻는다.

스피드가 상승하면 보다 큰 양력을 얻는 것을 우리는 빈번하게 목격하고 있다. 항공기의 이착륙이 그러하다. 이 때 플랩(flap)이라고 하는 보조 날개를 내는 이유는, 저속 비행 때에 양력이 부족하므로 추락을 막기 위해서이다. 그러므로 비행 속도가 순항 속도에 도달하여 고속으로 되면 충분한 양력을 얻을 수 있으므로 이 플랩을 거두어 넣는다.

상대 속도가 큰 것이 유리하다면 풍차를 제한 없이 고속으로 돌리면 출력도 그만큼 늘어나느냐 하면 그렇지는 않다. 우선 뒤에서 설명하는 베츠(Betz)의 한계값이 있고, 또 항력에 기인하는 손실도 늘어나 지나치게 고속으로 되면 성능도 떨어진다. 어느 정도 고속으로 회전하고 있는가를 나타내는 지표로, 블레이드의 선단 속도와 풍속의 비, 즉 주속비(周速比)라는 것이 있다. 이 값이 10을 넘으면 손실이 감지되고 성능이 떨어지기 시작한다.

(2) 풍차의 동작 원리

풍차의 동작 원리라면 언뜻 생각하기에 바람이 밀기 때문에 도는 것이라고 쉽게 생각할 수 있겠지만 사실 알고 보면 미는 것이 아니다. 여기에는 상당한 매직이 숨어 있다. 그리고 항력형과 양력형의 구별이 이 매직의 열쇠를 쥐고 있다.

그렇다면 풍차가 회전하는 메카니즘은 무엇인가, 어떠한 역학 원리에 의해서인가. 우선 항력형 풍차의 회전 원리를 살펴 보기로 하겠다. 항력형으로는 패들 풍차와 사보니우스 풍차가 있다.

그림 2.7은 페르시아 풍차와 같은 원리로 회전하는 패들 풍차이다. 패들이란, 카누 등에 쓰이는 짧은 노를 이른다. 노의 역할을 하는 복수 개의 블레이드가 세로축의 회전축에 방사상으로 고정되어

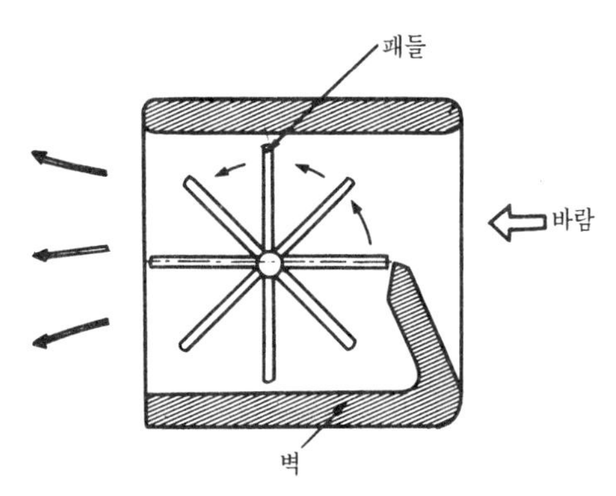

그림 2.7 패들 풍차의 동작 원리(풍차를 상공에서 본 그림)

있다. 회전 영역의 절반은 벽으로 막혀 있기 때문에 나머지 열린 절반에서 패들은 바람에 떠밀려 회전한다.

이처럼 항력형에서는 블레이드가 바람에 밀려서 회전한다. 이 경우 개구부가 풍향에 알맞게 향하고 있어야 한다. 로빈슨 풍속계처럼 접시 모양의 풍배(風杯)가 받는 공기저항(항력)이 바람과의 상대 속도의 차로 상이한 것을 이용하여 회전하는 것에서는 덮개형 벽이 불필요하고 풍향에 의지하지도 않는다(그림 2.8). 이러한 풍차의 성능은 기껏해야 양력형 풍차의 4분의 1 정도이다. 그 이유는, 저항형의 경우에는 블레이드가 바람에 떠밀려서 회전하므로 결코 풍속보다는 빨리 회전할 수 없기 때문이다.

또 사보니우스 풍차는 부분적으로는 양력을 이용하여 회전하기 때문에 다소 성능은 높아지지만 기본적으로는 항력이 지배하는 풍차이다.

그럼 성능이 우수한 양력형 풍차는 어떠한 역학적 원리로 회전하는 것일까. 수평축형, 수직축형을 불문하고 이 형에 속하는 풍차의 블레이드 단면 소편은 유선형의 날개 모양으로 되어 있다. 이 날

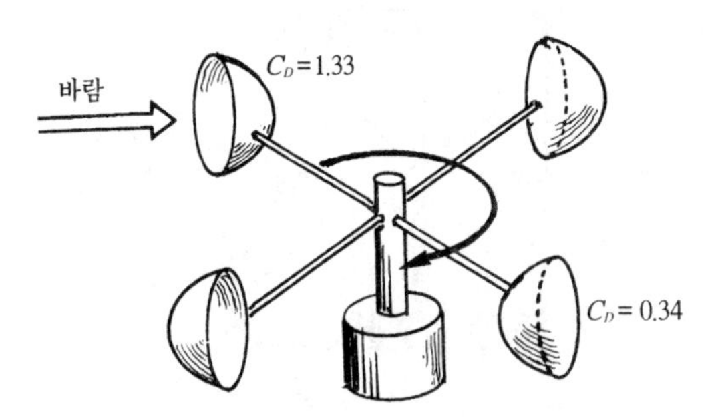

그림 2.8 로빈슨 풍속계의 동작 원리

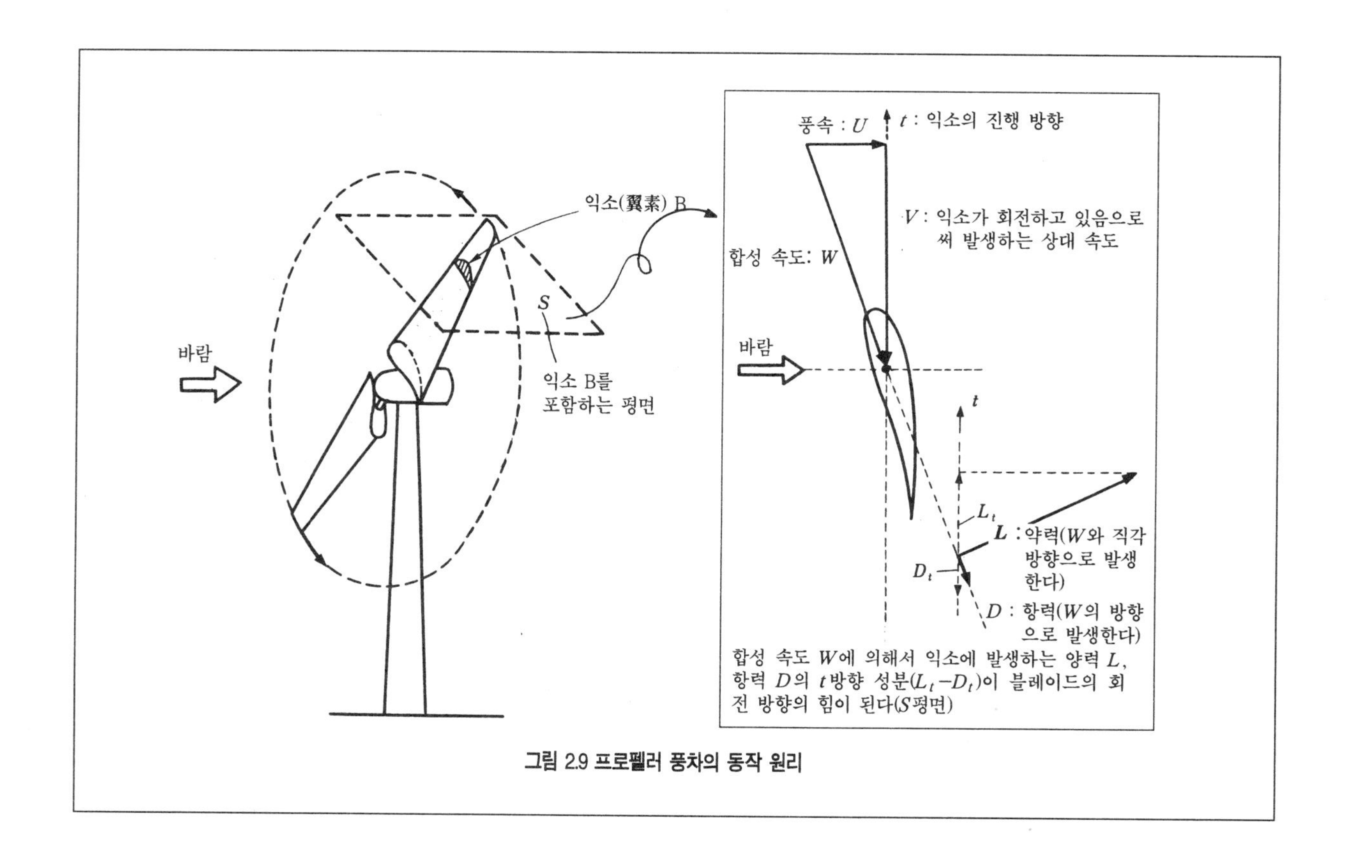

그림 2.9 프로펠러 풍차의 동작 원리

개형 단면에 발생하는 양력이 풍차에 회전력을 발생시킨다.

풍차의 날개바퀴를 로터라고 한다. 로터는 풍차 뿐만 아니라 수차와 기타 유체 기기에 공통되는 용어로, 회전하는 날개바퀴를 이른다. 그러므로 블레이드와 블레이드를 고정하는 축으로 구성된다. 날개는 로터의 한 구성 부품이며, 블레이드라고 한다. 그리고 블레이드의 단면은 날개 모양으로 되어 있다. 가상적으로 이 블레이드를 둥글게 자른 것을 익소(翼素)라고 한다.

이 익소에 상대 흐름의 장이 어떻게 형성되고, 그와 더불어 양력이 어떻게 발생하며, 그 양력이 어찌하여 로터를 구동하는가, 프로펠러 풍차의 경우를 그림 2.9에 풀이하였다.

(3) 수직축형 풍차의 경우

대표적인 수직축형 풍차인 다리우스 풍차는 활 모양으로 구부러진 2~3장의 블레이드를 수직 회전축 주위에 배치하여 회전시기는 것이다. 어느 한 장의 블레이드에 대하여 살펴 보면, 그것이 회전하는 한 주기 사이에 바람과 마주치기도 하고 바람에 쫓기기도 한다. 이렇게 되어도 높은 성능을 획득할 수 있겠는가.

그림 2.10에서 해설하는 바와 같이, 다리우스 풍차 등의 수직축형 풍차의 경우도 익소에 작용하는 양력이 토오크를 발생한다. 그리고 성능도 수평축형에 뒤지지 않는다.

(4) 왜 양력형이 우수한가

프로펠러 풍차와 다리우스 풍차 같은 고성능 풍차에서는 어떻게

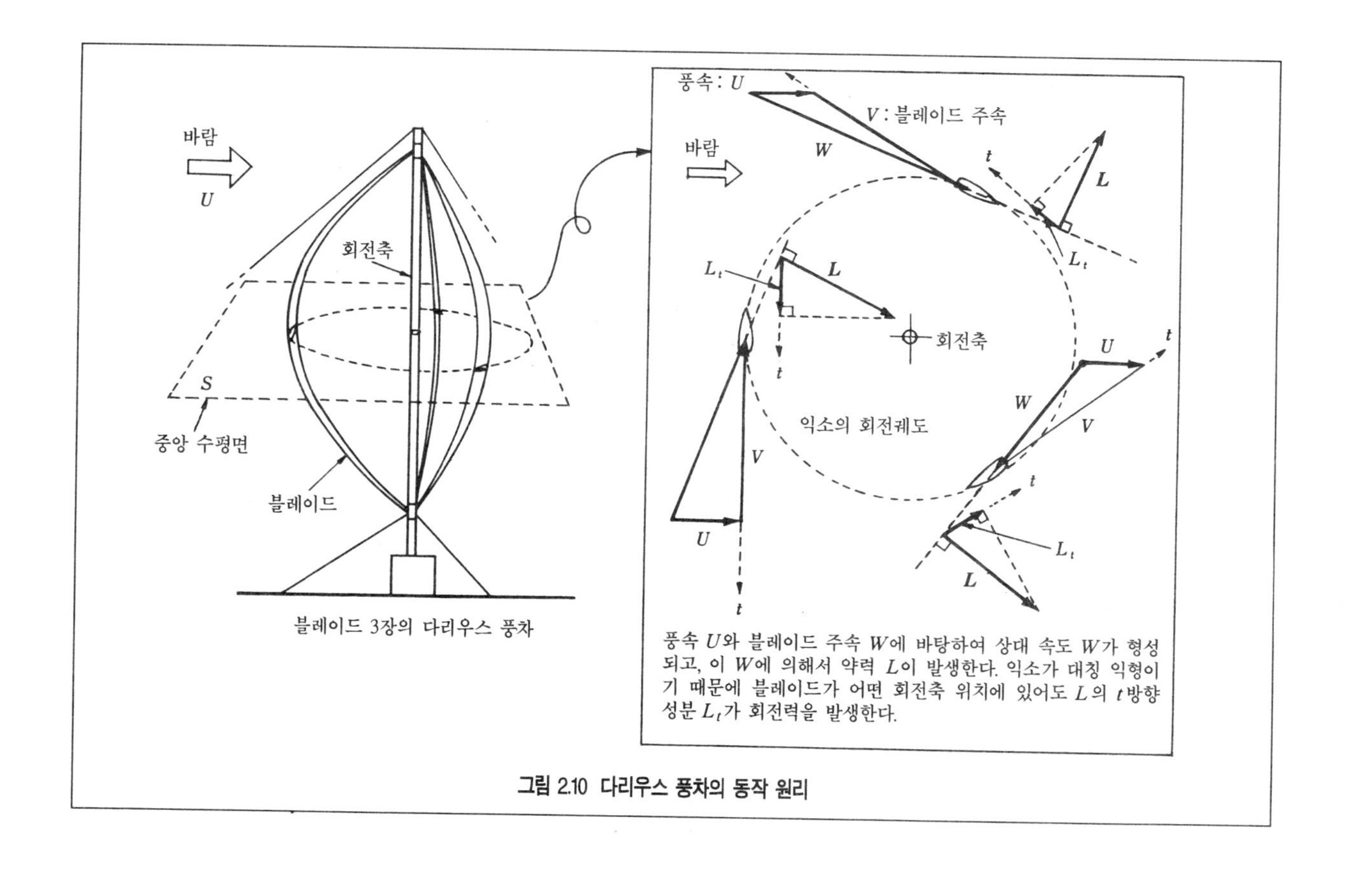

그림 2.10 다리우스 풍차의 동작 원리

하여 양력이 로터를 회전시키는 힘을 발생하고 있는가를 보았다. 하지만 양력형이 항력형보다 왜 성능이 우수한가에 대해서는 설명을 하지 못했다. 사실은 이것이 풍차의 매직이다. 이 매직을 이해하기 위해, 자세한 사항은 차치하고 이론의 골격만을 다루겠다.

보통은 값이 여러 가지로 변하지만, 여기서는 간단하게 설명하기 위해 날개에 발생하는 양력과 항력의 비례계수, 즉 양력계수와 항력계수는 대표값을 1로 한다.

그런데 앞에 언급한 패들 풍차나 로빈슨 풍속계 같은 항력형 풍차를 생각하면, 로터의 주속도 V는 풍속 U를 초과할 수 없다. 왜냐 하면, 만약 주속도가 풍속보다 크면 로터는 항상 맞바람을 맞게 되므로 회전력이 발생하지 않는다. 풍차로 동작하기 위해서는 쫓는 바람을 받아 회전할 영역이 필요하다. 이 때 로터의 단위 면적에 발생하는 힘은 상대 속도 W의 2승, 즉 풍속과 주속도 차의 두 제곱 $(U-V)^2$에 비례한다. 즉 주속도는 풍속보다 작기 때문에 최대일지라도 풍속의 두 제곱밖에 비례하지 않는다.

한편, 양력형 풍차에서는 그림 2.9에 보인 바와 같이 익소에 발생하는 양력은 상대 속도의 2승에 비례한다. 피타고라스의 정리에 따라 이것은 풍속의 2승과 익소의 주속도의 2승의 합이다. 그런데 일반적인 최적 설계에서는 가령 주속비 8, 즉 로터 선단에서 주속도는 풍속의 8 배이다. 이때 상대 속도의 2승은 풍속의 2승인 65 배의 값이 된다. 이것은 같은 날개 면적으로 비교하면 양력형 풍차의 익소에 발생하는 공기력은 항력형의 그것보다 65 배나 크다는 것을 의미한다.

이 논의는 블레이드 선단부에 관한 이야기이고, 블레이드 근원부에 접근함에 따라 주속도와 풍속의 속도차는 없어진다. 하지만 블레이드 전체로 공기력을 평균하면 양력형이 항력형보다 훨씬 크다. 이것은 항공기가 날아 오르기 위한 양력을 자기 자신이 고속으로 달려서 획득하는 앞의 예와 마찬가지이고, 양력형의 풍차는 스스로 고속으로 회전함으로써 보다 큰 토크를 획득한다. 스스로 어느 정도의 고속으로 회전하는 것이 큰 출력을 얻는 비결이다.

고속으로 회전시키면 토크를 작게 할 수 있으므로 블레이드는 가늘어도 된다. 그 이유는, 풍차의 출력은 토크와 로터의 회전속도의 곱이기 때문이다. 양력형은 회전 속도가 크므로 토크가 작아도 된다. 물론 날렵한 블레이드의 고속 설계를 가능하게 한 것은 목재보다도 강인한 금속 재료와 신소재의 개발 덕분이다.

그럼 현대 풍차는 고속으로 운전하여 에너지를 무한으로 흡수할 수 있을 것인가. 그렇지는 않다. 그 어떠한 원동기도 투입한 에너지 이상의 에너지를 발생하지는 못한다. 따라서 풍차의 경우에도 한계가 있다. 여기서 풍차에 유입하는 바람의 에너지 중에서 얼마 만큼을 기계적 동력으로 변환할 수 있는가를 분석하여 보기로 하겠다.

2.3 풍차의 성능

(1) 파워계수

어떤 기계장치를 통하여 들어온 에너지로부터 유효한 에너지로 얻어낸 비율을 에너지 변환효율이라고 한다. 예를 들면, 석유를 연소하여 전기 에너지를 얻을 때에는 이 효율은 약 3분의 1이다. 나머지 3분의 2는 열로 버려진다. 풍차의 경우는 어떠한가.

풍력 발전기의 종합 효율 중에서 바람의 에너지를 풍력 터빈에 의해서 기계적 동력으로 변환하는 공기 열학적인 효율을 특히 파워계수라고 한다. 이 외에 기계계의 전달효율과 발전기의 효율 등이 있으며, 최종 출력은 이 모든 효율의 곱에 지배된다.

(2) 베츠의 한계

풍차의 이상효율(理想效率), 혹은 이론적으로 가장 큰 파워계수의 값은 27분의 16, 즉 약 60 퍼센트이고, 이것을 도출한 학자의 이름을 따서 베츠(Betz)의 한계라고 한다. 27분의 16이란 값이 어떻게 도출되는 것일까. 매우 단순한 모델이 있다.

이 모델에서는 그림 2.11과 같이 풍차에 흘러드는 공기의 흐름은 맥주병을 잡아늘인 것과 같은 흐름관(유관)을 형성하고 있다. 이 유관을 셋으로 절단한다. 전방에서 풍차 로터 직전까지를 영역 I, 로터 직전에서 직후까지의 평탄한 원판을 영역 II, 그리고 로터 직후에

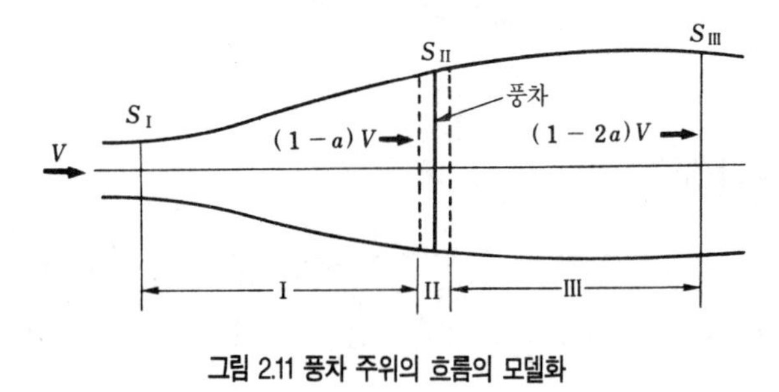

그림 2.11 풍차 주위의 흐름의 모델화

서 바람의 후방까지를 영역 III으로 하자.

역학에서는 세 가지 보존칙이 있다. 첫째는 질량 보존의 법칙이다. 즉, 물질은 소거되지 않는다는 법칙이다. 유체 역학에서는 유량 보존칙이라고 한다. 두 번째는, 운동량 보존의 법칙이다. 이것은 뉴턴 역학의 제2 법칙에 상당하는 것으로, 물체의 운동량(질량과 속도의 곱)의 시간 변화는 가해진 힘과 같다는 내용이다. 그리고 제3이 에너지 보존의 법칙이다. 이것은 지금 생각하고 있는 체계 내의 에너지 총합은 보존된다는 것으로, 에너지의 종류는 운동 에너지에서 전기 에너지에 이르기까지 다양하다.

풍차 공학에서 다루는 유체 역학에서는 유체와 물체 사이에 작업의 거래가 없다면 베르누이의 정리가 성립되어 유체의 단위 체적당의 운동 에너지와 압력의 합은 유선을 따라 일정하게 보존된다. 만약 작업의 거래가 있다면 그 몫만큼 에너지의 증감이 가해진다. 이와 같은 법칙을 영역 I에서 III의 유관(流管)에 적용하여 보기로 하자.

유관 I에서는 그 내부에서 물체와의 작업의 거래가 없으므로 왼쪽 끝 S_{I}에서 유입하는 유량과 운동량 및 에너지는 오른쪽 끝 S_{II}에서 유출하는 것과 같다. 마찬가지로 유관 III에서는 왼쪽 끝의 S_{II}면에서 유입하는 유량과 운동량 및 에너지는 오른쪽 끝의 S_{III}에서 유출하는 것과 같다.

그러나 유관 II에서는 바람이 풍차를 구동하고 있으므로 유체와 물체 사이에는 작업의 거래가 있다. 즉 유체의 일부 에너지는 풍차를 구동하기 위해 사용되므로 그만큼 손실된다. 만약 이상적(理想的)인 성능을 가진 풍차라면 손실된 에너지는 모두 유효한 풍차의

표 2.2 파워계수의 계산

본문에서 소개한 유체역학의 보존칙을 적용하면, 그림 2.11의 상류 S_I면에서 유입한 풍속을 V로 할 때, S_I, S_{II}, S_{III}을 통과하는 풍속은 각각 $V_1(1-\alpha)V$, $(1-2\alpha)V$로 된다. α는 로터 회전면 S_{II}에서 감속되는 비율이며, 유도계수라고 한다. 그런데 단위 시간당 S_I 에서 유입하는 바람의 에너지 E_1은

$$E_1=(1/2)\rho V^2 \cdot A_1 \cdot V \qquad (1)$$

또 S_{II}에서 유출하는 에너지 E_{III}은

$$E_{III}=(1/2)\rho(1-2\alpha)^2 V^2 \cdot V_{III} \cdot (1-2\alpha)V \qquad (2)$$

가 된다. 여기서 ρ는 공기밀도, S는 유관의 단면적이다.

유량 보존칙에 따라 유량 Q는

$$Q=V \cdot S_I=(1-\alpha)V \cdot S_{II}=(1-2\alpha)V \cdot S_{III} \qquad (3)$$

손실된 바람의 에너지 ΔE를 (1)~(3)으로 계산하면

$$\Delta E=E_1-E_{III}=2\rho\alpha(1-\alpha)^2V^3 \cdot S_{II} \qquad (4)$$

하지만 이상 유체에서는 이것이 모두 이용 가능한 풍차동력 L로 변환되므로

$$L=\Delta E \qquad (5)$$

만약 풍차가 없다면 S_{II}를 통과하는 단위 시간당의 에너지 E는

$$E=(1/2)\rho V^3 \cdot S_{II} \qquad (6)$$

이므로 풍차의 에너지 변환효율, 즉 파워계수 C_p는

$$C_p=L/E=4\alpha \cdot (1-\alpha)^2 \qquad (7)$$

으로 계산할 수 있다.

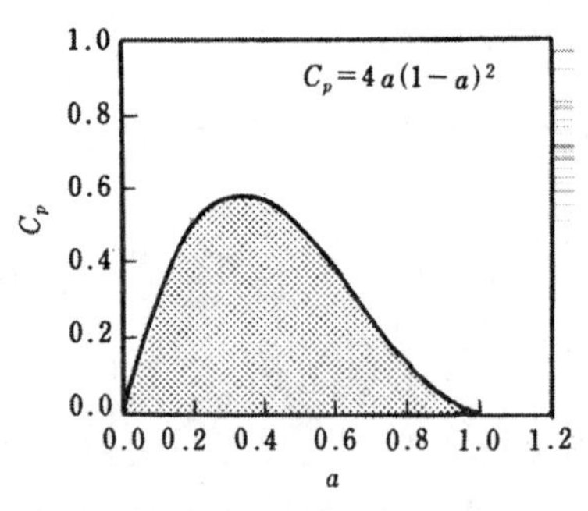

그림 2.12 이상 풍차의 효율(파워계수와 유도계수의 관계)

동력으로 획득될 수 있을 것이다. 그러므로 유체가 손실한 에너지를 계산하면 된다. 여기서 앞에서 설명한 세 가지 보존칙을 적용하여 간단한 대수식을 풀면, 풍속의 변화에 대하여 표 2.2와 같은 결과를 유도할 수 있다.

유도계수 α와 파워계수 C_p의 관계를 나타내는 그래프를 그려보면 바로 알 수 있듯이, 파워계수의 값은 유도계수가 제로인 때에 제로이지만 유도계수의 증가와 더불어 커지고, 유도계수가 3분의 1인 때에 최대값 27분의 16의 값이 된다. 그리고 유도계수가 1이 되면 다시 제로가 된다. 이 관계는 바람의 에너지가 모두 풍차의 에너지가 되었다 하여도 효율은 베츠의 한계값인 27분의 16을 넘지 않는다는 것을 나타내고 있다(그림 2.12).

100 퍼센트의 변환이 되지 않는 이유를 다시 한 번 정성적으로 해석하면 다음과 같다.

바람이 갖는 에너지는 풍속의 두 제곱에 비례하므로 만약 이 에너지를 모두 빼앗으면 풍차를 통과하는 풍속은 제로가 된다. 하지만 유량은 풍속에 비례하므로 풍차의 로터면에서 유량도 제로가 된다. 즉 바람의 에너지를 끌어오는 흐름이 없어진다. 로터면에 흘러 들어와야 할 바람은 블로킹이 일어나 풍차의 주변을 우회하여 달아나고 있다. 그러므로 유도계수가 0와 1 사이에 최적한 값이 있고, 그것이 3분의 1인 때에 풍차의 이상 효율 27분의 16을 부여한다.

현실 유체에서는 저항이 손실로 작용하므로 최적 설계를 하여도 베츠의 한계값에 이르지 못하며 파워계수는 0.45 전후의 값이 된다.

(3) 각종 풍차의 성능

그림 2.13은 대표적인 풍차의 파워계수 경향을 보인 것이다. 수평축형의 프로펠러 풍차와 수직축형의 다리우스 풍차가 대표적인 풍차이다. 풍차의 파워계수를 높게 하기 위하여 여러 가지로 대책을 강구하고 있다.

그 하나는 덮개(슈라우드)를 달아서 풍차에 유입하는 풍량을 많게 할려는 시도이다. 그 결과 베츠의 한계를 넘는 풍차를 실현할 수 있다. 그러나 파워계수를 구할 때 슈라우드의 최대 개구면적을 사용하면 이 한계는 넘을 수 없으며, 슈라우드의 재료비라든가 장치의 대형화를 고려한다면 종합적인 평가는 어느 한 쪽만 두둔할 수 없는 것으로 생각된다.

또 바람이 흐르는 방향에, 전후 2단의 로터를 부착하여 효율을 향상시키는 아이디어도 있다. 그러나 2개의 로터를 준비할려면 차라리 2대의 풍차로 하는 것이 발생 출력의 총계가 커진다.

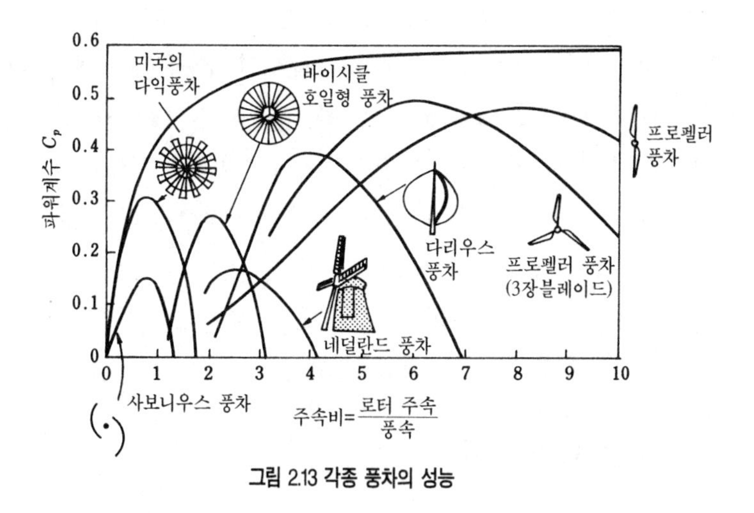

그림 2.13 각종 풍차의 성능

아직 연구 단계에 있는, 흥미로운 아이디어도 제안되었다. 예를 들면, 일본 미에대학의 기요미쓰 교수는 블레이드 끝에 작은 날개(vane)을 달아 그것으로 풍차 주위의 흐름을 개선하고 효율을 향상시킨다는 것이다. 이것은 소음을 경감하는 효과도 있다고 한다. 작은 부품으로 가능하기 때문에 효과가 확실하다면 매우 유용할 것으로 생각된다.

그러나 개중에는 신중한 검토를 필요로 하는 아이디어도 있다. 러시아의 연구원이 개발하였다고 하는 '용트림 콤버터'라는 것을 예로 들면, 이것은 바람이 나선상으로 흘러 들도록 가이드벤을 장치하여, 유입하는 공기에 용트림을 형성시킴으로써 큰 에너지를 얻는다는 것이다.

이 장치는 직경 및 높이가 모두 1미터 정도의 원통형 장치이고, 풍속이 매초 2 미터에서 150 와트의 출력을 획득하였다고 한다. 그 수치에 틀림이 없다면, 가령 로터의 회전 면적을 이 장치의 투영 면적에 균일하게 잡아, 파워계수를 계산하면 무려 3000 퍼센트라는 터무니 없는 수치가 나온다. 풍력을 연구하는 사람으로서는 이러한 고마운 가능성을 부인할 생각은 털끝만큼도 없지만, 보통 공학적 센스로 말한다면 효율 3000 퍼센트라는 결과는 아무래도 이상하다는 느낌을 지울수가 없다.

2.4 풍력 발전기의 구성

(1) 브르슈의 풍차간

아름다운 운하의 도시인 벨기에의 브르슈는 지난 날에는 유럽 유수의 큰 무역항이었다. 지금은 교통상으로 영국과 고속 페리를 운항하고 있는 오스탕드와 이어진다. 이 브르슈의 옛 시가지는 운하에 둘러싸여 있으며, 운하를 따라 양안에는 중세의 풍차들이 잘 보존되어 있다. 개중에는 관광산업이기는 하지만 아직도 풍차 일꾼들이 와서 제빵용 밀가루를 만들고 있다.

이 풍차간 안까지 관광객들이 들어갈 수 있다. 2층으로 올라가면 놀랍게도 직경이 3, 4 미터나 되는 목재의 커다란 톱니바퀴가 설치되어 있으며, 그 회전축은 아래층으로 통하고 있다. 그 축은 그 반대쪽 계단 아래서 밀을 타서 가루를 낸다. 그토록 큰 톱니바퀴를 돌린다는 것은 몇 사람의 힘으로는 어림도 없을 것이다. 말 2, 3 필로서도 쉽지 않은 일일 것인데, 자연의 힘, 바람의 힘이 엄청나다는 것을 새삼 느끼게 한다.

(2) 네덜란드 풍차의 구조

네덜란드 풍차는 4장의 날개를 가지고 있다. 목재로 된 날개는 문짝의 창살 구조로 되어 있으며, 풍차를 운전할 때에는 천을 감아 바람을 받는다. 그리고 바람이 너무 강할 때에는 4장의 날개 중 2장에만 천을 두르는 등, 조절하고 있다. 이 로터의 회전축은 풍차간 지붕에 장치되어 있으며, 안쪽 축의 반대쪽에는 앞에 소개한 커다란 목재의 톱니바퀴가 붙어 있고, 그 톱니바퀴는 다시 다른 톱니바퀴와 맞물려 있다. 이 제2의 톱니바퀴는 그 회전축의 다른 끝에서 풍차간 아래쪽에 설치된 양수 펌프를 돌린다. 이것이 양수용 풍차의 기본 구조이다. 또 하나의 주요한 장치는, 바람이 부는 방향으로 풍차를 향하게 하는 방위 제어장치이다. 대부분의 경우, 풍차가 설치된 지붕마다 돌리기 위한 기다란 막대가 뻗어 있으며, 지렛대의 원리를 이용하여 사람이나 가축의 힘으로 힘껏 돌려주면 된다. 그러나 개량된 풍차에는 측차(側車)라는 팬을 장착하여, 풍차가 횡풍을 받으면 이 측차가 바람의 힘으로 회전하고 그 회전력을 이용하여 풍차의 머리를 돌리는 것도 있다.

(3) 현대의 풍력터빈 발전기의 시스템 구성

현대 풍차의 발전 시스템을 살펴 보면, 풍차 로터가 풍력 에너지를 기계적 동력으로 변환하는 것은 중세의 풍차와 마찬가지이다. 그리고 로터의 회전운동은 톱니바퀴 장치를 통하여 발전기의 주축으로 전달된다. 이렇게 하여 발전기가 구동되어, 발전을 하게 된다. 이 밖에, 이와 같은 장치를 지지하는 구조물과 시스템의 운전을 제어하는 제어 시스템이 주요 구성 요소가 된다.

이처럼 풍차발전 시스템은 ① 로터계(로터와 로터 축), ② 전달계(동력 전달축과 증속 톱니바퀴계), ③ 전기계(발전기와 부수되는 전력기기), ④ 운전·제어계(피치 제어, 요제어, 블레이드 등), ⑤ 지지·구조계(타워, 기초 등)로 구성되어 있다(그림 2.14).

풍력터빈 발전 시스템은 풍력 에너지를 전기적 에너지로 변환하

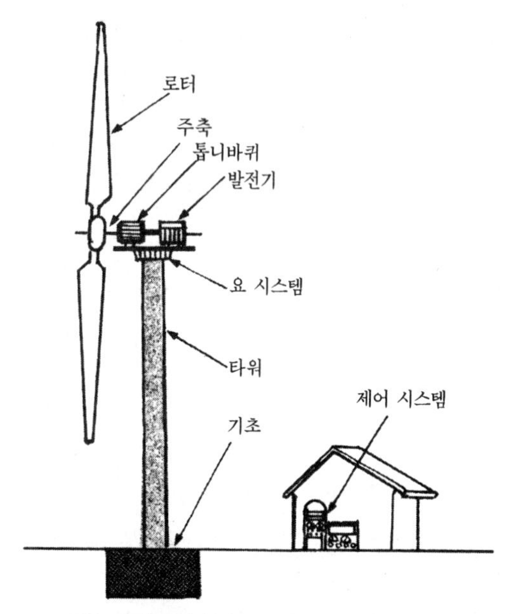

그림 2.14 풍력터빈 발전기 시스템의 구성

는 시스템이다. 그러나 풍차는 일반적으로 펌프를 구동하거나 전기를 생산할 뿐만 아니라 물을 전기분해하여 수소를 제조할 수도 있고, 기타 다양한 에너지를 생산할 수 있다. 따라서 풍차를 이용하여 풍력 에너지를 인간이 이용할 수 있는 다른 에너지 형태로 변환하는 장치를 일반적으로 '풍력 변환 시스템'이라고 한다.

(4) 로터계

로터계는 로터와 로터 축, 그리고 로터를 축에 장치하기 위한 허브(hub)로 이루어진다. 로터의 사명은 풍력 에너지를 기계적 동력으로 변환하는데 있으며, 풍력발전 시스템의 가장 주요한 요소이다.

로터의 고성능 공력(空力)설계, 바람의 파란만장한 입력을 받는 로터의 강도 설계, 블레이드의 진동설계 등이 주요한 기술 과제이다. 오늘날에는 풍차 보급과 더불어 소음도 문제가 되고 있으므로 블레이드가 내는 공기력 소음을 경감하기 위한 블레이드 설계기술도 새로운 과제가 되고 있다.

로터는 크게 나누어, 수평축형과 수직축형이 있다는 것은 이미 앞에서 설명한 바 있지만, 이 밖에도 여러 가지 특징과 옵션이 있으며 이를 정리하면 다음과 같다.

① 풍차의 형태 : 수평축형과 수직축형

② 블레이드 장수 : 현대 풍차는 1~3장이 주류를 이루고 있다.

③ 로터 배치 : 로터가 타워의 바람 위쪽에서 회전하는 것을 업윈드형식, 바람 아래쪽에서 회전하는 것을 다운 윈드형식으로 분류한다.

④ 로터 회전수 : 현대 풍차는 고속형

⑤ 허브 형식 : 블레이드가 허브에 리지드로 고정되어 있는 것을 리지드형식, 시소운동과 같은 요동이 허용되는 것을 티타드형식, 블레이드 마다 개별적으로 요동이 허용되는 것을 개별 힌지형식이라 한다.

(5) 전달계

전달계의 역할은 로터가 발휘하는 기계적 동력을 발전기에 전하여 그것을 구동하는 것이다. 보통 풍차 로터의 회전수는 블레이드 선단의 주속(周速)으로 매초 60~90 미터로 설계되므로, 로터의 회전수는 그 지름에 따라 다르기는 하지만 중형~대형기에서는 매분

수10 회전이 일반적이다. 하지만 일반적으로 사용되고 있는 교류 발전기는 로터의 회전수 보다도 훨씬 높은 값, 예를 들면 매분 1800 회전하고 있다. 그러므로 풍력 발전기의 전달계는 전달축 뿐만 아니라 회전수를 증가시키기 위한 증속 톱니바퀴를 장치할 필요가 있다.

톱니바퀴는 평행식, 유성식, 혹은 이 두 가지를 조합한 것이 사용된다. 특히 이 분야에 대한 새로운 기술혁신은 두드러진 편이다. 풍차의 소음 중에서, 기계적 소음의 주된 것이 톱니바퀴에서 나오는 소음이므로 아예 톱니바퀴를 없애자는 아이디어도 있다. 그러나 이 작업은 톱니바퀴를 철거하는 것만으로는 완결되지 않는다. 톱니바퀴가 담당하고 있던 회전수의 증속분 만큼 발전기의 극수를 증가시켜 주지 않으면 필요한 전력의 주파수를 획득할 수 없다. 즉 다극(多極)의, 상당히 큰 발전기를 독자 개발하지 않으면 안 된다. 대형화된 발전기는 지상에 설치하거나 로터의 후방에 장치하여야 하는 구조적인 어려움이 뒤따를 것이다. 그러나 독일과 네덜란드의 다이렉트 드라이버의 풍차는 이를 실현하여, 기계 소음을 제거했다.

(6) 전기계

전기계는 주로 발전기, 전력 변환장치 등으로 구성된다.

풍차 발전 시스템의 고유한 문제점은, 풍력 에너지 그 자체의 특성에 기인하는 것, 즉 입력 변동과 그 결과로서의 출력 변동이다. 전기계는 기계계에 비하면 순간적인 제어가 쉽기는 하지만 바람의 거동은 예측하기 어려운 것이므로, 돌풍으로 인한 회전수 혹은 전류값의 상승은 계통의 안정된 전력 품질을 훼손하는 원인이 된다. 그 때문에 과거 오래 동안 대부분의 나라들은 풍력 발전장치 같은 자가용 발전설비에서 전력계통으로 전류를 유출하는 행위, 즉 역조류(逆潮流)를 금지했었다. 그러나 1980년대 초반 이후 풍력발전 시스템의 상업운전, 즉 역조류에 의한 전력 판매사업의 실적을 통하여 대규모의 전력망에 투입하는 경우에는 아무런 문제가 없다는 것을 알게 되었다. 이후 대부분의 나라들이 역조류 금지 조치를 해제하여 풍차 도입에 기여하고 있다.

계통 용량에 대한 풍력발전의 투입 비율을 페네트레이션이라고 하는데, 세계적으로는 약 20년 전부터 이 값이 10 퍼센트 정도이면 기존의 배전설비를 변경하지 않고도 지장이 없다는 가늠이 정해져 있으며, 최근에는 20 퍼센트까지를 가능하다고 보는 경향이 있다.

교류기에 직결하는 운전을 하지 않고 인버터, 콘버터 등으로 구성되는 전력 변환장치를 거쳐 고품질의 전력으로 계통에 보내는 방법도 있다.

그 전형적인 예는 가변속 운전 시스템에서 볼 수 있다. 가변속 운전이란, 풍차 로터의 회전 속도를, 따라서 발전기의 회전수도 일정 속도로 운전하는 것이 아니라 바람의 강약에 따라서 변화시켜 주는 운전방식이다. 바람의 변동에 무리하게 거슬리지 않게 된다. 이와 같은 시스템에서는 기계·재료의 설계가 용이하다. 그러나 발전기의 회전수가 변동하기 때문에 발생 전력의 주파수도 변동하여 상품으로서의 품질을 확보하기 어렵다.

그래서 예를 들면, DC-링 방식에서는 인버터, 콘버터를 이용하여 주파수 변동이 있는 교류 전력을 일단 직류로 변환하고, 그것을 다시 계통 전력과 같은 주파수의 교류로 변환하여 계통에 투입한다.

이와 같은 전력 변환 시스템과 전술한 다극 발전기는 이제까지는 수요가 적었기 때문에 그 값이 다소 비싼 편이었다. 그러나 풍력을 비롯하여, 조력(潮力) 등 변동이 큰 자연 에너지를 보다 적극적으로 이용하는 시대를 맞이하여, 새로운 장치의 개발이 추진되고 있다.

(7) 운전·제어계

풍차의 운전·제어장치는 크게 나누어 안전·보호를 확보하기 위한 것과, 운전·제어를 관장하는 것이 있다. 전자는 브레이크 장치와 페더링(feathering)장치이고, 이것은 폭풍이나 태풍 때, 혹은 보수나 점검할 때에 로터를 정지시키는 기능을 한다.

운전·제어장치에서 중요한 것은, 풍차 로터를 풍향에 추종시키는 요(yaw)시스템과 로터의 회전수를 조정하는 동시에 풍차 출력을 제어하는 피치제어 시스템이다.

풍력기술은 바로 풍차의 출력 제어기술에 달렸다고 하여도 과언이 아닐 정도로, 여기에 어려움이 집중되어 있다. 맹위를 떨치는 폭풍으로부터 안정된 전력을 얻어내고, 미약한 바람으로부터 최대한의 전력을 생산하는 기술, 그것이 이 출력 제어기술이다.

프로펠러 풍차의 경우, 블레이드의 익소(翼素)에 발생하는 양력이 풍력 변환장치의 본질이라는 것은 앞에서 이미 설명한바 있다. 따라서 이 양력을 가감하면 출력을 자유롭게 제어할 수 있다. 이것이 바로 피치제어이다. 즉 블레이드의 전부 또는 일부를 비틀어 주면 블레이드에 유입하는 상대 흐름의 받음 각(angle of attack)이 변하고, 따라서 받음각에 의해서 정해지는 양력계수의 값이 증감한다.

피치 제어는 대형기의 경우에는 보통 유압으로 한다. 그리고 중형기에서는 유압 또는 전동기로 하고, 소형기는 이 밖에 메카니칼 가바너 등, 기계적으로 할 수도 있다.

피치 제어장치는 단지 출력을 제어할 뿐만 아니라 안전·제동장치로서도 중요한 역할을 담당한다. 그 하나는, 회전수를 제어함으로써 과회전 등에 따른 블레이드의 파손을 방지하고 있다. 또 피치 제어기능에 의해서 블레이드의 설치각을 양력이 전혀 발생하지 않는 페더위치까지 회전하여, 시스템을 페더링 상태, 즉 정지 상태로 설정하는 데에도 사용된다.

메카니칼 가바너 방식에서는 블레이드의 피치각이 스플링의 힘과 가바너에 작용하는 원심력의 평형 위치에 설정되어 있으며, 로터가 과회전이 되면 회전수의 두 제곱에 비례하여 증가하는 가바너 웨이트의 원심력이 순간적, 자동적으로 피치각을 비틀어, 로터 회전수를 일정 값으로 유지하도록 작동한다.

유럽의 중형기에서는 공기력 블레이크라고 하는 실속(失速) 제어기술이 보급되었으며, 그 보급률은 90 퍼센트대에 이른다.

이것은 블레이드가 돌풍을 받으면 받음각이 급증하고, 그 결과 블레이드에 실속현상이 발생하여 토크를 감소시키는 것이다. 블레이드 선단부만을 이용하는 것도 있다. 축 주위 및 축 방향으로 회전·접동을 가능하게 하고, 과회전 때에는 그 몫만큼 증가한 원심력이 내장된 스플링을 극복하여 비틀리면서 돌출하여 실속을 일으킨다.

실속 제어방식은 중형기에는 효과가 있는 기술이지만 블레이드의 관성력이 커지는 대형기에 있어서는 어디까지 이용할 수 있겠는가가 당면한 연구 과제이다.

수직축형의 다리우스 풍차는 일반적으로 피치제어는 구조적으로 불가능하다. 이 경우에는 기계적인 블레이드 장치와 스포일러라고 하는 공기력적인 브레이크가 사용된다(그림 2.3 참조). 후자는 역시 과회전 때의 원심력 작용으로, 평상시에는 블레이드 중앙부에 내장되어 있는 부분이 스프링을 이기고 돌출하여, 공기저항을 발생하여 감속하는 장치이다. 제트 여객기가 착륙한 후 정지할 때에 플랩을 위쪽으로 수직으로 뻗어서 강한 저항을 발생시키는 것과 흡사하다.

요 장치는 초소형기의 경우는 꼬리 날개에 의한 것이 많지만 어느 정도 커지면 기계적인 요 구동장치로 능동적으로 풍향을 추종한다.

다운 윈드형 풍차에서는 요 장치를 철거할 수도 있다. 즉 로터가 타워 후방에서 회전하고 있으면 로터에 작용하는 공기력이 자동적으로 로터를 풍향에 추종시키는 힘으로 기능한다. FRP 블레이드처럼 로터 무게가 가벼운 경우에는 풍향 변동에 따른 불안정 현상이 발생할 수도 있으므로 적당한 댐퍼를 부여한다.

(8) 지지·구조계

너셀, 타워, 기초 등이 있다. 특히 대형 회전체를 탑재하는 타워 설계는 불안정한 로터/타워의 연속 진동의 방지와 경량화에 의한 코스트 경감 차원에서 깊은 배려가 필요하다.

위험한 진동을 방지하기 위해 타워와 블레이드의 고유 진동수를 해석 혹은 실측하여 이른바 캠벨(Campbell)선도를 작성한다. 풍차 발전 시스템의 가진원(加振源)이 되는 기본 진동수는 풍차 로터의 회전수이고, 풍차의 운전 영역에서 각종 요소의 고유 진동수가 기본 주파수의 정수배와 일치하는 것을 피한다.

그러나 현대 풍차에서는 유연한 구조 설계의 타워가 출현했다. 타워의 1차(최저) 고유 진동수가 운전 영역에 있을지라도, 응력 레벨이 낮고, 약풍 때의 공진이면 문제가 되지 않는다는 발상이다. 타워의 1차 고유 진동수가 로터 회전수와 블레이드 장수의 곱보다 작은 설계를 소프트 설계, 로터의 회전수보다 낮은 것을 소프트·스프트 설계라고 한다.

2.5 풍차의 설계

(1) 풍력발전 시스템의 출력

풍력발전 시스템의 출력 P는 그림 2.15의 식으로 나타내는 바와 같이, 공기 밀도 ρ와 풍속 V의 3제곱과 풍차 로터의 회전면적 A

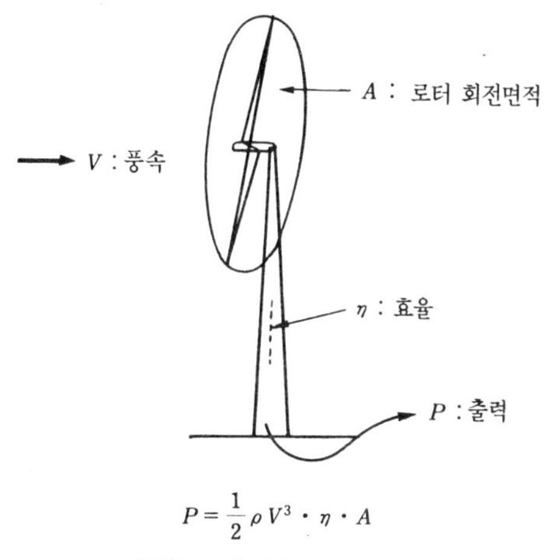

$$P = \frac{1}{2}\rho V^3 \cdot \eta \cdot A$$

그림 2.15 풍차의 출력

와 풍차의 종합효율 η의 곱에 비례한다. 여기서 중요한 것은, 풍차 출력은 풍속의 3제곱과 로터의 회전 면적에 비례하는 점, 즉 '풍속은 3제곱의 효과, 치수는 2제곱의 효과'라고 하는 룰이다.

바람의 상태가 양호한 지역을 선정하였다고 하면, 밀도와 풍속은 자연이 부여한 조건이므로 인간이 손을 쓸 수가 없다. 효율 η는 최적화를 하여도 기술적인 한계가 있다. 그러나 면적 A는 풍차 로터의 지름의 2제곱에 비례하며, 선택은 자유이다.

지역의 바람 특성을 관측하여 뒤에 설명하는 기법으로 정격 풍속이 결정되면, 계산 또는 경험을 통하여 효율을 평가하여 필요한 출력을 얻기 위한 풍차의 치수(로터 지름)를 결정할 수 있다. 정격 풍속이란, 풍차가 탑재되어 있는 발전기가 정격 출력에 이르는 최소의 풍속을 말한다. 이보다 높은 풍속으로 더 큰 발전기 출력을 획득할려고 하면, 발전기는 타버리게 된다. 때문에 강풍 영역에서는 풍차는 피치제어 등으로 에너지 변환효율을 떨어뜨려 바람의 일부 에너지를 회피시켜 정격 출력을 유지한다.

설계 프로세스는 대략 이제까지의 설명과 같지만 그 각 단계에서 최적화가 요구된다.

(2) 최적화의 목표

지구 환경시대의 시스템은 적어도 다음 3개 항목의 최적화를 필요로 한다.

① 시스템의 목적값을 최대로 할 것. 풍력 발전기라면, 예컨대 최대의 연간 발전량을 획득할 것.

② 환경에 대한 영향을 최소로 할 것. 풍차의 경우는 예컨대 소

음을 최소로 할 것.

③ 코스트를 최소로 할 것.

위의 사항들은 기술, 환경, 경제간에 밀접한 관계가 있으므로 서로의 영향을 고려한 종합적인 판단이 요구된다.

(3) 건설 위치의 결정

풍력발전 시스템은 바람을 에너지 자원으로 입력하여 전력을 출력하는 것이고, 특히 그 출력은 풍속의 3 제곱에 비례하는 것이므로 우선 첫째로, 입지를 선정할 때에는 바람이 잘 부는 곳, 즉 입지의 최적화가 필요하다.

그러므로 바람에 관한 관측 데이터와 함께 지리적인 조건, 예컨대 산이나 골짜기의 기복의 영향도 고려하여 바람의 통로를 찾아내는 것이 긴요하다. 특히 우리나라의 경우 산악지대가 많고, 3면으로 둘러싸인 연안부의 해안선 가까이까지도 지형의 기복이 확연하므로 바람의 통로를 측정 또는 예측하는 것이 중요하다.

(4) 풍차의 운전 모드

유감스럽게도 현대의 기술은 아직 풍속 제로에서부터 예컨대 60미터 매초에 이르는 변화에 대응하는 연속 가변의 출력을 발휘하는 발전기를 생산하지 못하고 있다. 자연은 정격을 가지고 있지 않다. 그러므로 우리가 풍력을 이용하는 이상 소정의 정격 출력을 갖는 발전기를 선택하지 않으면 안 된다.

이러한 때에 풍차는 정격 출력을 경계로 하여, 상이한 운전이 필

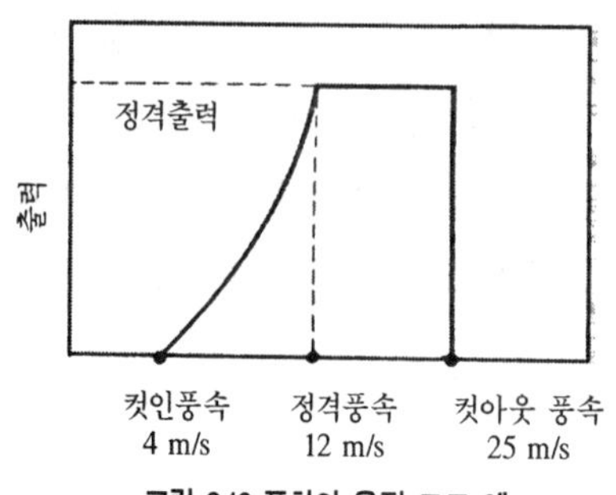

그림 2.16 풍차의 운전 모드 예

요하게 된다. 그림 2.16의 운전 모드가 그 하나의 예이다. 풍속이 점차 강해져서 컷인 풍속에 이르면 발전을 시작한다. 여기서부터 정격 풍속까지는 피치제어 등에 의해 최대의 출력을 얻는 운전을 한다. 정격 풍속을 초과하면 발전기의 용량이 부족하기 때문에 이번에는 출력을 정격 값으로 유지하는 운전을 한다.

풍속이 로터의 운전 설계강도 한계에 이르는 컷 아웃 풍속까지 커지면 풍차를 정지한다.

이처럼 풍차는 컷 인 풍속, 정격 풍속, 컷 아웃 풍속이라는 세 단계의 풍속을 경계로 하여 다른 운전 모드를 찾는다. 그리고 각 모드의 값은 풍차 건설 지역의 바람 특성에 따르기는 하지만 대체로 컷 인 풍속은 2.5~6 미터 매초, 컷 아웃 풍속은 20~30미터 매초 범위로 선정하는 사례가 많다. 그리고 정격 풍속은 대부분 12~13 미터 매초이지만 강풍 지대인가 약풍 지대인가에 따라 크게 틀려서 5, 6 미터 매초에서 20 미터 매초에 이르는 것까지 있다.

다음은 가장 적합한 정격 풍속의 값은 어떻게 찾아내는가에 대하여 설명하겠다.

(5) 정격 풍속의 결정 방법

이제까지는 한 마디로 바람의 특성이라 하였지만, 풍력발전과 관계가 있는 특성값은 연간 평균 풍속, 풍속의 출현 빈도 분포, 10분 평균 최대 풍속, 거스트(gust) 팩터, 그리고 요동도(turbulence) 등이 있다.

정격 풍속을 합리적으로 결정하는 하나의 방법은, 연간 발전 전력량을 최대로 한다는 정신이다. 바람은 강약이 있고, 날씨에 따라 불규칙하다. 그러나 풍황 관측 데이터를 통계적으로 처리하면 연간 평균 풍속과 풍속마다 출현하는 비율(출현 빈도 분포)을 구할 수 있다.

그리하여 풍차의 운전 모드가 이 출현 빈도 분포에 적합하도록 설계한다. 이 운전 모드에서 컷 인 풍속 이하에서는 출력이 제로, 컷 인에서 정격 풍속 사이에서는 출력이 파워계수에 비례하고, 정격에서 컷 아웃 풍속까지 사이에서는 출력이 정격 값으로 일정하다. 또 컷 아웃 풍속 이상에서는 시스템이 정지하여 출력이 제로이다. 이렇게 하여 풍속마다 풍속의 출현 빈도, 풍차의 운전 모드, 풍차의 파워계수로부터 기대되는 발전량이 계산된다. 이들의 총합이 연간 발전량과 같다. 따라서 컷 인 풍속, 정격 풍속, 컷 아웃 풍속이 미지의 양인 경우에는 몇 가지 값을 가정하여 계산한 다음 비교하면 쉽게 연간 발전량을 최대로 하는 정격 풍속을 구할 수 있다.

일반적인 경향으로는 정격 풍속이 연간 평균 풍속의 1.3~1.5배 정도이다.

⑹ 로터의 최적 형상

정격 풍속을 결정함에 있어서는 파워계수를 기지의 값으로 하였지만, 실제로는 로터의 공기력 설계에 따라 결정된다.

현재 가장 일반적으로 이용되는 설계 이론은, 운동량 이론과 익소 이론의 결합 이론인데, 풍차 로터를 통과하는 전체적인 흐름은 운동량 이론으로 결정하고, 바람의 에너지를 풍차의 축 동력으로 변환하는 역학적인 고찰은 익소이론(翼素理論)으로 한다. 이렇게 유도된 공기역학적인 관계식은 풍속과 로터의 회전수, 블레이드 장수, 블레이드 익소의 특성값(양력계수 등), 그리고 로터의 기하 형상(블레이드의 폭과 두께, 로터 회전면에서의 비틀림각)간의 관계를 기술한다.

여기서도 최적화 기법으로서, 예컨대 설계점에서의 파워계수를 최대로 한다는 조건을 부여하면 어느 하나의 블레이드 기하 형상(幾何形狀)을 구할 수 있다.

⑺ 최적한 블레이드 장수

로터의 블레이드 장수는 1장, 2장, 3장, ……, 여러 장(多翼) 등 다양하다.

로터 지름이 같은 경우, 블레이드 장수가 많을수록 풍차 출력도 클 것 같지만 그렇지 않다. 현재 확립된 프로펠러 풍차의 공력(空力) 설계이론에서는 설계 파라미터 중에

$$N \cdot c \cdot C_L$$

이라는 양이 나타난다. 여기서 N은 블레이드의 장수, c는 블레이

드 익소의 익현(翼弦) 길이, C_l은 익소의 양력계수이다. 익현 길이와 양력계수는 블레이드의 길이 방향으로 변화한다. 익소의 날개 형상을 선정하면, 설계 양력계수는 자연스럽게 알게 된다. 날개형상은 일반적으로 블레이드의 각 설계 단면마다 다르므로 선정한 날개 형상에 따라 양력계수의 설계값을 부여한다. 이렇게 하여 익소의 양력계수가 주어지면, 최적 설계이론에 따라서 앞의 식 중의 브레이드의 장수와 익현 길이의 곱의 값이 정해진다. 이것은, 블레이드 장수는 자유이고, 익현 길이로 조정이 가능하다는 것을 뜻하고 있다. 블레이드의 장수를 배로 하면 익현 길이는 절반으로 하면 된다.

독일의 모노프테로스 풍차는 이름 그대로 날개 한 장인 풍차이고, 일본에서도 북해도에 건설된 것이 있다. 그러나 현대 풍차는 2~3장이 주류를 이루고 있다. 블레이드 장수가 적은 것이 분명히 제조 비용도 저렴하다. 그러나 블레이드 장수를 몇 장으로 하느냐의 판단은 설계 옵션에 속한다. 즉 각각 그 장점과 단점이 있으므로 풍차의 설계 사상과 관계가 있다.

3장의 블레이드는 안정감이 있으므로 상업기로는 가장 많이 보급되었다. 블레이드 코스트의 비중이 높은 경우에는 전반적인 코스트가 높아진다.

2장의 블레이드는 특히 좌우의 블레이드가 일체가 되어 시소운동을 하는 티터드 로터를 채용하는데 적합하다. 3장의 블레이드에 이것을 채용할려면 블레이드의 개별 힌지(hinge)가 필요하므로 기구가 복잡하게 된다.

한 장인 블레이드는 제어성, 기동 특성이 좋은 우수한 풍차이지만 고속 회전에 따른 소음문제가 지적되고 있다.

(8) 가장 적합한 로터 주속

현대의 풍차는 고속형이기 때문에 고성능 풍차에 속한다는 것은 앞서 설명한 바와 같다.

그런데 풍차 로터의 축 출력은 1장의 블레이드에 발생하는 토크 Q와 블레이드 장수 N, 로터 각속도 ω의 곱이다. 토크를 발생하는 것은 양력이고, 이것은 블레이드 익소의 상대 속도의 두 제곱에 비례한다. 고속형 풍차에서는 상대 속도는 블레이드의 회전속도에 지배되고 있으므로 결국 Q는 ω의 2승에 비례한다. 사실이 이러하므로 같은 블레이드를 사용하였다고 하면, 동일한 로터 지름으로 동일한 출력을 얻는 경우, 블레이드 장수 N와 각속도 ω 사이에는 대략

$$N \cdot \omega^3 = \text{일정}$$

이라는 관계가 성립한다. 따라서 블레이드 장수가 작을수록 고속 운전이 필요하다.

1, 2장 블레이드의 최적 설계에서는, 강풍속 지역에서는 100 미터 매초 정도의 블레이드 선단 속도를 얻을수도 있다. 그 때문에 로터 주속(周速)은 음속의 약 3분의 1로 어림할 수 있다. 한 가지 문제가 되는 것은 블레이드가 초래하는 공기력 소음이 로터 회전수의 5승에 비례한다는 주장도 있다. 따라서 소음이 낮은 풍차를 개발하기 위해서는 성능을 다소 희생할지라도 주속을 낮추는 경향이 있다. 현재의 지표는 로터 주속을 60미터 매초대로 하는 것이 일반적이다.

(9) 가장 적합한 풍차 크기

가장 적절한 풍차의 크기를 결정하는데는 복잡한 논의가 뒤따른다. 그 이유는, 몇 가지 평가 함수가 개입하기 때문이다. 건설 비용을 최소로 하자, 발전 단가를 최소로 하자, 혹은 획득하는 에너지를 최대로 하자, 환경에 대한 피해를 최소로 하자는 요구 등이 뒤따른다. 최적화하여야 할 양 사이에는 트레이드 오프의 관계가 있지만, 풍력 분야에서는 그것을 고려하여 종합적으로 시스템 설계를 최적화하는 기법이 아직은 모색 단계에 있으며 개발되지 못했다.

그러나 이제까지의 연구 결과, 공학적으로 밝혀진 사항들이 있다. 그 하나는, 로터 직경이 수 미터인 소형 풍차는 그 성능과 운전 특성이 나쁘기 때문에 에너지 생산을 위한 장치로서는 적합하지 못하다. 그 이유는 블레이드의 공기력 성능, 특히 날개의 특성 때문이다. 유체 공학적으로 설명하면, 날개 특성의 레이놀드수(Reynolds number) 의존의 결과이다. 풍차는 양력을 동작 원리로 한다고 설명하였는데, 초소형 풍차에서는 레이놀드수가 낮아짐에 따라 이 양력계수가 떨어지기 때문이다. 에너지 생산을 목적으로 하는 풍차의 치수는 로터의 지름이 대략 10미터 이상 필요할 것으로 생각된다.

두 번째 점은, 최적한 치수에 관한 일치된 결론이 없다는 것이다. 출력이 300 킬로와트 정도의 중형기가 가장 적합하다는 주장도 있다. 아니 좀더 큰 600 킬로와트 정도나 메가와트급의 풍차라는 견해도 있다. 하지만 과거 20년의 실적을 보면 처음에는 수10 킬로와트였던 풍차가 그 후에 평균 출력이 100 킬로와트를 넘고, 최근에는 500~1000 킬로와트, 큰 것은 1500 킬로와트에 이르는 것도 있다. 즉 상업 풍차의 평균 출력은 증가 일로를 걷고 있다.

예를 들면, 세계 풍차 출력의 단순 평균값은 약 200 킬로와트이지만 근년에는 600~1000 킬로와트의 풍차가 주류를 이루고 있다. 덴마크의 경우도 600~750 킬로와트의 풍차가 주류를 이루고 있다. 독일에서는 설치된 풍차 6200 대의 평균 출력은 463 킬로와트이다(1998년 말 기준). 따라서 1993~94년 풍차 출력의 주류는 메가와트급으로 대형화되었다.

2.6 대형화와 집합화

(1) 풍차의 2대 결점에 도전한다

풍차 발전의 특징은 풍력 에너지의 특징 바로 그것이다. 즉 청정하면서도 고갈되지 않는 재생 가능 에너지 자원인 점이 가장 큰 장점인 동시에 가장 큰 매력이다.

그러나 에너지 밀도가 낮고 불규칙한 것이 2대 결점이다. 이 결점을 극복하지 못하면 풍력 에너지는 현대 사회에 기여하는 에너지 자원으로 이용할 수 없다. 그 해결책이 집합화(集合化)와 대형화이다.

(2) 윈드 팜, 윈드 파크

현재 상업기로 보급된 중형기 내지 대형기의 출력은 500~750 킬로와트이고, 1000~1500의 메가와트급도 모습을 보이고 있다. 대형 연구 개발기의 경우는 2000~3000 킬로와트 정도이다. 원자력발전소 1기의 발전 출력은 보통 100만 킬로와트 정도이다. 그러므로 출력의 차이는 비교가 되지 않는다. 뿐만 아니라 원자력 발전소는 원료만 공급하면 언제나 정격 출력으로 운전할 수 있다. 사고만 발생하지 않는다면 계획적인 정지, 즉 보수 점검 작업할 때에만 정지하게 된다. 그러므로 평균적으로는 정격 출력에 가동률을 곱한 출력이 기대된다.

그러나 풍력발전의 경우는 언제나 정격 풍속 이상의 바람이 불고 있는 것은 아니므로, 평균적으로 기대되는 출력은 정격 출력에 설비이용률을 곱한 값이 된다. 원자력 발전소의 가동률을 80 퍼센트, 풍차의 설비 비용률을 33 퍼센트라고 가정하면, 3 메가와트급 풍차 800대를 가져야 겨우 100만 킬로와트급 원자력 발전소 1기의 연간 발전량을 생산할 수 있다. 300 킬로와트급 중형기라면 8000 대가 필요하다는 계산이다.

사막의 구릉지대에 무수한 풍차군을 건설한 것이 미국 캘리포니아의 윈드 팜이다. 이것은 수(數)적으로 승부하겠다는 발상이었을 것이다.

다행스럽게도 숫적인 승부에는 보너스도 뒤따랐다. 풍력으로 발전한 전력의 품질 향상에도 기여했기 때문이다. 개별적인 풍차는 국소적인 바람의 변동 영향을 받기 때문에 그 전력은 변동성분이 많다. 그러나 많은 풍차의 발전 출력을 연결하면 개별적인 단주기의 변동은 서로 상쇄하여 전체적으로는 평활화된다. 윈드 팜은 전력의 생산량을 늘리고 동시에 전력의 품질까지 개선하고 있다.

(3) 대형화는 왜 필요한가

윈드 팜에서 중형기의 약진상태를 목격한 사람이라면 누구나가 많은 돈을 들여 구태여 대형기를 개발할 필요가 있겠는가 하는 생각을 하게 된다. 기술적으로 거의 완성 단계에 이르렀다는 중형기를 많이 도입하면 될 것 같기 때문이다.

그러나 풍차 발전량을 늘리는 또 하나의 해결책은 대형화이다. 발전 출력에 대하여 두 제곱의 효과를 가지기 때문이다.

그런데 일방적으로 풍차의 건설비는 일단 기술이 확립되어 있다는 것을 전제로 한다면, 중량, 따라서 풍차의 대표 치수(예컨대 로터 지름)의 3승에 비례한다고 생각할 수 있다. 하지만 풍차의 출력은 치수의 2승에만 비례한다. 그 때문에 대형화하면 할수록 코스트면에서 불리하게 되는 경향이 있다. 이 점에서도 대형화는 불필요하다는 견해가 제기되었다.

하지만 대형기이기 때문에 코스트가 불리하게 되는 것은 아니다. 그것은 대기 경계층의 존재 때문이다. 상공일수록 풍속은 빠르므로 그 출력 증가분이 건설비 증가분을 상쇄하는 경향이 있다. 또 후술하는 바와 같이, 토지의 이용률 향상과 운전·보수·관리 측면에서 인력 감축효과를 고려할 때 오히려 유리하다. 주변 기술과 설비의 유무, 예컨대 40~50미터의 일체로 된 블레이드를 제작할 수 있느냐, 그것을 운반하는 도로가 있느냐, 필요한 크레인이 들어갈 수 있느냐 등이 현실적인 가늠이 된다.

대형기는 본질적으로 유리하다. 예를 든다면 어업의 그물과 흡사하다. 보다 많은 어획량을 얻기 위해서는 그물의 길이가 길고, 깊이 방향으로도 폭 넓은 것이 유리하다. 고기는 바다라고 하는 3차원 공간에 살고 있기 때문이다. 바람도 지표에서만 부는 것이 아니라 높이 방향으로 분포하고 있으며, 3차원 공간을 유동하고 있다. 대형

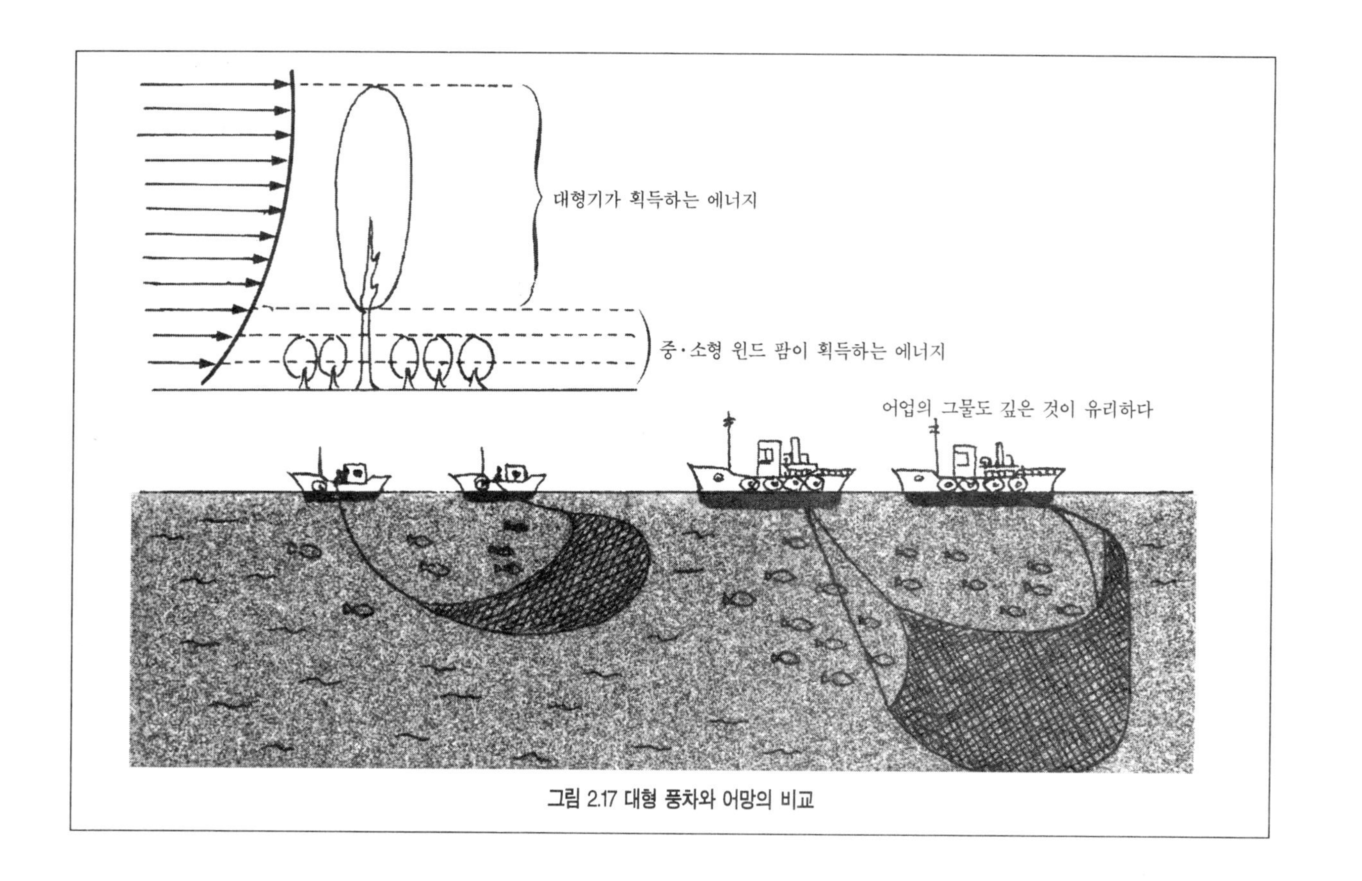

그림 2.17 대형 풍차와 어망의 비교

화는 곧 3차원 공간의 바람을 포획하는 것을 의미한다(그림 2.17).

미국이나 캐나다, 시베리아와 비교할 필요까지도 없이 국토가 좁고 인구 밀도가 높은 나라에서는 토지의 이용률도 고려하지 않으면 안 된다.

간단한 모델을 생각하여 보자. 그림 2.18과 같이, 풍차의 허브 높이는 로터 지름과 같고, 풍차가 차지하는 토지 면적은 그 경사면이

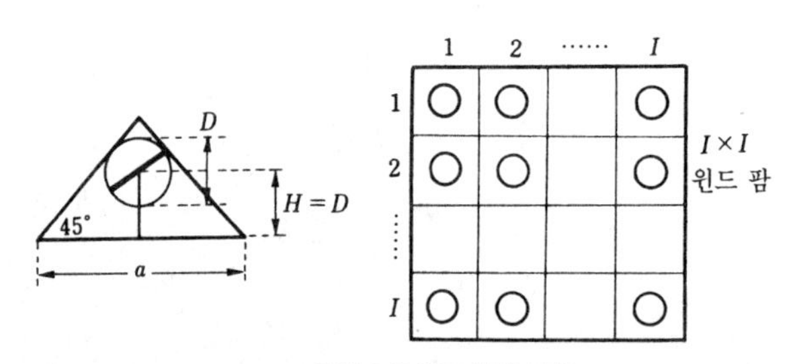

그림 2.18 윈드 팜의 모델

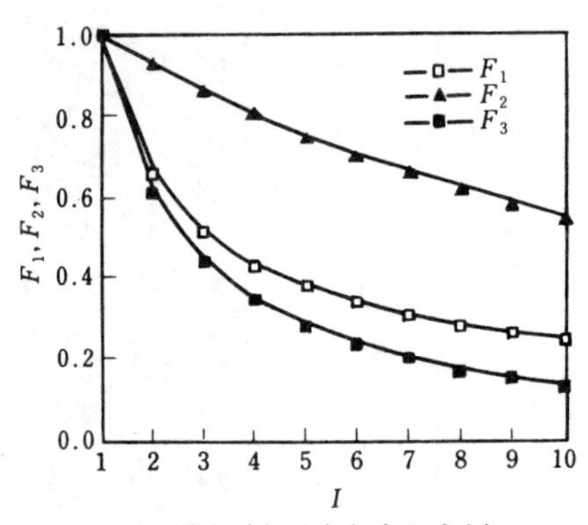

F_1 : 풍차 대수 증가에 따른 감쇠율
F_2 : 웨이크에 의한 감쇠율
F_3 : F_1과 F_2의 곱

그림 2.19 획득 에너지의 감쇠율

지면과 45도의 각으로 덮는 4각 추의 바닥면이라고 하자. 이제 풍차 지역으로서 한 변이 a인 정사각형 부지를 가정하고, 이것을 변변 I 분할하면, I 두 제곱 개의 풍차가 세워진다. 엄밀한 논의를 한다면 풍차 간격을 더 띄워야 하겠지만 집합 설치에 있어서는 유리하다. 그런데 풍차의 총 수풍면적은 풍차 대수에 상관 없이 일정하다. 윈드 시어의 거듭 제곱수를 5분의 1로 하고, 풍속의 고도 변화를 고려하여 평가하면 그림 2.20이 얻어진다. 가로축은 I이므로 풍차의 대수는 I의 두 제곱 개이다. 그림에서 F_1은 대형기 1대의 풍차 발전량에 대한 I의 두 제곱 대 풍차의 발전량 비율의 값이다. I가 늘어날수록, 따라서 소형기로 분할하여 설치할수록 윈드 시어의 효과가 나타나 발전량이 떨어진다.

다수의 풍차를 여러 단으로 배열하는 경우, 후단의 풍차는 웨이크(wake)효과로 인하여 전단의 풍차에 의해서 감속된 바람을 받는다. 이 효과를 단당(段當) 5 퍼센트라 가정하면, 분활수 I에 따라 발전량은 F_2로 나타낸 바와 같이 감소한다. 윈드 팜에서는 이 양자가 작용하므로 발전량은 이의 곱인 F_3 의 커브처럼 감소한다. 예를 들어, 어떤 부지를 4등분하여 4대의 풍차를 설치한다 하여도 대형기 1대 발전량의 60퍼센트 정도로 떨어지게 된다.

현재는 메가와트급의 상업기가 등장하고 있다. 세계 각국에서 대형기용의 각종 풍차 첨단기술이 시험되고, 또 실용화되었다. 티터드 로터, 가변속 운전 시스템, 기어레스(기어가 없는) 풍차, 방위 제어식 출력 제어방식 등이 있다.

2.7 이용 가능률과 설비 이용률

자연의 바람은 수시로 변동하므로 풍차의 정격 풍속과 같은 풍속인 경우는 매우 드물다. 파워계수는 풍차 공력(空力) 성능의 설계값이지만 실제 운전성능을 평가하기 위해서는 다른 요소가 필요하다.

이용 가능률은, 일반 시스템의 가동률에 상당한 것이지만 바람이 없으면 실제 풍차는 회전하지 않는다. 그러나 고장이 생긴 것은 아니므로 바람이 불면 다시 회전할 수 있다. 이처럼 바람의 여부를 고려한 것인데, 이용 가능률은 '어떤 기간 동안에 전역(全曆)시간에 보수 또는 고장으로 정지한 시간을 뺀 값을 그 동안의 역시간(曆時間)으로 나눈 값'으로 정의하고 있다.

따라서 이것은 풍차의 기술적 완성도를 나타내는 척도라 할 수 있다. 현대의 풍차는 99퍼센트를 넘는 정도로 성장했다.

설비 이용률은, '어떤 기간 동안의 풍차 총 발전량을 그 기간 동안에 정격 출력으로 운전하였다고 가정하여, 풍차가 발생 가능한 발전량으로 나눈 값'이라 정의한다. 예를 들면, 0.3(또는 30퍼센트)이라고 하는 것은, 평균하면 상시 정격 출력의 30 퍼센트로 발전하고 있다는 것을 뜻한다.

이것은 풍차의 성능과 풍차 지대의 바람 상태에 따라 결정되는 평가 척도이므로 자주 이용된다. 어떤 지역에서는 월 평균 50퍼센트를 넘는 실적이 있었지만 일반적으로는 20퍼센트대가 표준이고, 30퍼센트를 넘으면 매우 양호한 지역으로 평가된다.

하지만 풍차를 설비 이용률만으로 평가하는 것은 합당하지 않다. 강풍지대에 낮은 풍속용 풍차를 건설하면 운전 가능한 비율이 커지고,

설비 이용률도 높아진다. 그러나 낮은 풍속 지역용으로 설계되었기 때문에 고풍속 영역의 바람 에너지를 대폭 도피시키는 꼴이 된다. 설혹 설비 이용률이 낮을지라도 바람 상대에 합치되는 풍차를 건설하면 훨씬 많은 발전량을 얻게 된다.

따라서 풍차의 운전 성능을 단적으로 나타내는 척도는 '풍력 에너지 이용률'일 것으로 생각된다. 이것은 '어떤 기간 동안의 풍차 총 발전량을 같은 기간 중에 풍차를 통과한 풍력 에너지의 적산량으로 나눈 값'으로 정의해야 하는 것이다.

2.8 미국의 프론티어 정신

(1) 캘리포니아 드림

미국의 서부는 프론티어 스피리트의 대명사이다. 캘리포니아의 구릉지대에 무수한 풍차군이 건설되기 시작한 1980년대 초반, 대다수의 사람들이, 아니 심지어는 풍력을 개발하는 사람들까지도 앞으로 10년 후에 윈드 팜이 전세계에 크게 보급되리라고 믿는 사람은 많지 않았다. 미국의 풍력 에너지협회가 주최한 샌프란시스코의 국제회의에 참가하여, MOD-2라는 2500 킬로와트 짜리 대형 풍차와 알타몬트패스 일대에 늘어선 윈드 팜을 견학하는 테크니칼 투어에 참가한 사람들까지도 반신 반의했다 한다(그림 2.20).

미국 연방정부는 재생가능 에너지의 도입 촉진책으로 이미 1978년에 PURPA법이라는 법률을 제정하여, 전력회사로 하여금 의무적으로 풍력발전의 전력을 매입하게 했다. 그리고 연방정부와 주정

그림 2.20 초기의 윈드 팜(캘리포니아, 1983)

부가 면세 혜택을 주어, 온 세계를 경악케 했던 오일 쇼크 후 석유, 원자력에 비해서 여전히 코스트가 높은 풍력발전 사업이 자리잡을 수 있도록 지원했다.

1980년도 전반의 윈드 팜 건설 러시는 마치 1850년대의 골드 러시를 방불하게 했다. 미국의 이와 같은 실행력은 예전의 개척정신, 프론티어 스피리트의 맥을 이은 것인지도 모른다.

미국이 이 캘리포니아를 손에 넣은 것은 1848년 미국·멕시코 전쟁에서 승리한 결과였다. 그 직후에 골드 러시 시대를 맞이하여 일확 천금을 노린 사람들이 이 땅에 몰려 들었다. 꿈으로 출발한 캘리포니아는 뜻밖에도 130년 후에 윈드 팜이라는 캘리포니아 드림으로 되살아났다. 그러나 이것은 단순한 꿈으로 끝나지 않았다.

(2) 개척정신의 승리

정부의 도입 촉진책에 힘입은 장대한 "상업적 실험"은 풍력의 실용화 길을 열었다. 이 실험은 전세계의 무수한 풍차 메이커에 기술개발의 의욕과 시장 참여의 기회를 주었으며, 그로부터 20여 년이 경과한 오늘날 큰 성공을 거두었다.

미국의 윈드 팜은 1983년에는 약 400대, 250 메가와트, 1989년에는 1500대, 1400 메가와트 규모로 늘어났다. 풍차의 평균적 성능을 보는 지표로 (풍차 산업성)=(풍차 발전량/설비 용량)이라는 도식이 있다(단위 : kWh/kW). 이것은 풍차의 단위 정격 출력당의 연간 발전량을 보는 것이다. 이 값은 1983년의 약 200에서 89년의 1500으로, 7.5 배나 급성장했다. 이 실적은 "상업적 실험"에 의한 경험의 축적으로 풍차의 성능 향상, 운전 특성의 개선, 운전 기술의 향상, 고장률의 감소 등, 많은 요소가 기여한 결과였다.

참고로, 만약 연중 정격 이상의 풍속이 상시 불고, 풍차의 시간당 가동률이 100 퍼센트라면, 풍력 생산성의 값은 1년분의 시간, 즉 8760시간(윤년을 고려하면 8754시간)이 된다. 89년의 1500이라는 값은, 설비 이용률로 고치면 17 퍼센트이다. 현재는 풍황이 양호한 장소에서는 30 퍼센트대에 이른다고 한다.

이와 같은 노력이 결실을 맺어 캘리포니아에서는 현재 주 전력 수요의 약 2 퍼센트를 풍력이 커버하고 있다. 또 풍력발전은 경제적 경쟁력까지 몸에 익혀, 비록 톱의 자리는 독일에게 빼앗겼지만 세계 최대급의 풍력 이용국으로 자리하고 있다. 현재 미국에서는 약 17,000대, 1813 메가와트의 풍력발전 설비가 상업적으로 이용되

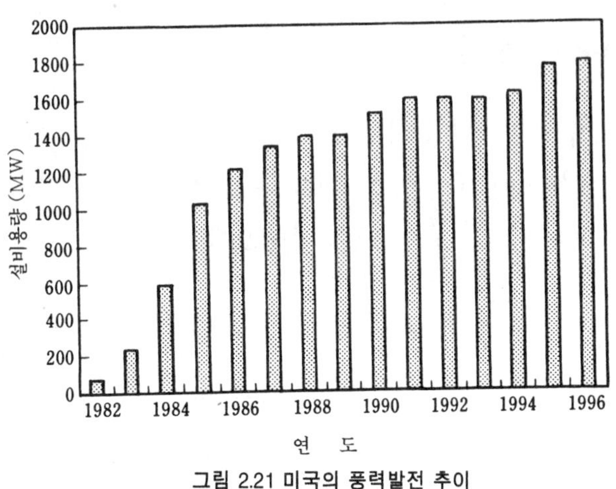

그림 2.21 미국의 풍력발전 추이

고 있다. 이것은 전세계 풍력 발전량의 22 퍼센트를 차지한다(그림 2.21).

미국의 풍력발전 개발 코스트는 킬로와트당 1980년도에 35센트였던 것이 1990년에는 7센트, 1996년에는 5 센트(연간 평균 풍속이 매초 5.8 미터인 중풍속 지대를 기준으로)로 다운되었다. 이것은 다른 에너지 자원과의 경쟁력 달성을 의미한다. 미국 연방정부는 2000년에 이르러서는 풍황이 양호한 지대에서 2.5 센트까지 경감하는 목표를 세우고, 그 결과 그림 2.22에서 보는 바와 같이 윈드팜의 건설은 캘리포니아주에서 미국 전역으로 확대되었다.

그리고 최근, 새로운 에너지 정책법(Energy Policy Act ; EPACT)이 제정되었다. 이 법에 의해서 1994년 1월부터 99년 7월말까지 풍력 개발에 대하여 킬로와트/시당 0.015 달러의 감세와 공공의 재생가능 에너지 설비에 대하여서는 마찬가지로 킬로와트/시당 0.015 달러의 면세 특혜를 주고 있다.

(3) 자연 에너지의 천국, 하와이 섬

하와이군도 중에서도 빅아일랜드라는 섬은 자연이 인간들에게 얼마나 다양하고 풍부한 자연 에너지를 나누어 주고 있는가를 실감할 수 있는 곳이다. 좁은 면적의 섬에 400 미터급 산을 두 개나 가지고 있는 이곳은 매년 10월이 되면 철인 레이스인 트라이아스론이 개최되는 섬으로도 유명하다.

이 하와이섬이 자연 에너지의 천국으로 불리워지는 이유의 하나는, 지열 발전이다. 이 섬의 남단 표고 4170미터에 이르는 마우나 로안산 인근에 키라웨아 화산이 있다. 이 지대에서는 땅 속의 열원을 이용하는 지열발전이 연구되고 있다. 여기서 더 남하하면 미국에서 가장 남쪽 끝의 땅, 그 이름도 유명한 사우스 포인트에 이른다. 여기에

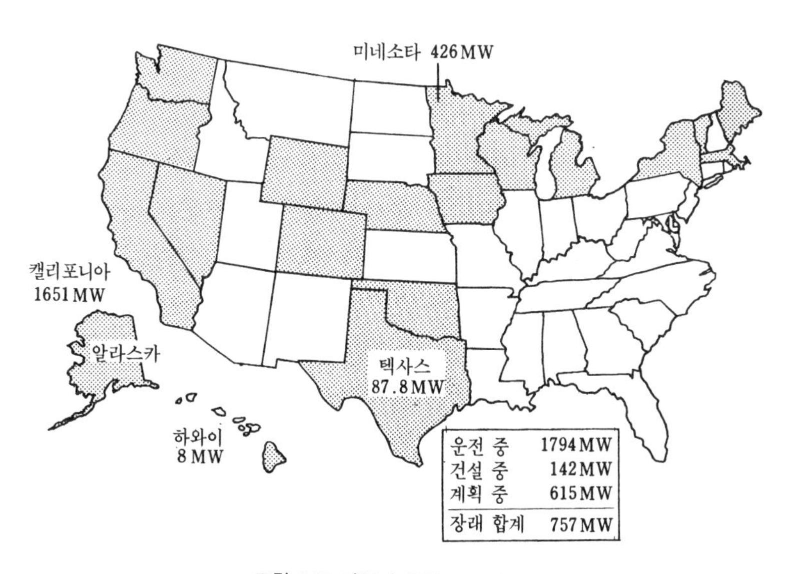

그림 2.22 미국의 풍력 프로젝트

도 풍차가 돌고 있다(그림 2.23).

카마오아 윈드 팜으로 불리우는 이곳에는 캘리포니아처럼 수 백 대는 아니지만 37대의 중형기가 3열로 배치되어 있다. 이곳은 동풍의 탁월한 편향풍이 지배적이고, 전형적인 가지가 한쪽으로만 뻗은 나무가 점재한다.

그리고 북상하면 하와이섬의 또 하나의 공항인 코너에 이르게 된다. 이곳에는 해양 온도차 발전을 연구하고 있는 또 하나의 자연에너지 연구소가 있다. 심해에서 냉수를 펌프로 끌어올린 다음, 해면 가까이의 온수와 온도차를 이용하여 전기를 얻는 기술이다. 부업으로 넙치와 미역 양식도 연구하고 있다.

코너 인근에도 소형 풍차의 윈드 팜이 있다. 어떠한 길손도 자연에너지를 찬탄하지 않고는 지나칠 수 없는 섬, 그 곳이 하와이섬이다.

그림 2.23 하와이섬 사우스포인트의 윈드 팜

Chapter 3
덴마크의 풍력발전 기술

덴마크는 네덜란드와 더불어 오래 전부터 풍차와 풍력 에너지를 이용하여 왔다. 또 오늘날에는 전세계의 풍력 발전기 중 약 절반은 덴마크제가 차지하고 있다. 덴마크는 풍력발전에 있어서 세계에서 가장 중요한 나라의 하나가 된 셈이다.

우리에게는 별로 알려져 있지 않지만 북유럽의 작은 나라인 덴마크에서는 중소기업의 비중이 매우 높다. 아니, 그보다는 대기업이 별로 많지 않다는 표현이 더 적절할 것 같다. 같은 북유럽 나라 중에서도 스웨덴 같은 나라는 볼보와 ABB, 에릭슨 같은 대기업이 많은 것에 비하면 덴마크는 매우 대조적이다. 덴마크의 종업원 규모별 사업소수 및 피고용자수 분포는 표 3.1과 같다.

이 표가 설명하듯이, 종업원 500명 이상인 사업소는 전 사업소수의 불과 0.11%에 지나지 않는다[1].

3.1 덴마크의 종업원 규모별 사업소수 및 고용자수의 분포

종업원 규모	사업소수 (%)	피고용자수 (%)
1~4명	69.41	12.30
5~49명	27.77	38.40
50~99명	1.69	12.24
100~199명	0.72	10.36
200~499명	0.30	9.36
500명~	0.11	12.53
불명	–	4.8

출전 : Statistsk Arbog 1997. p. 329. Table 349에서 전재

1) 덴마크의 중소기업의 개요에 대하여서는 Krinoe, Kristensen and Andersen [1999]를 참조하기 바란다.

또 덴마크, 특히 독일과 이어져 있는 유틀란트 반도의 서부는 이탈리아 북부나 독일 남부와 더불어 중소기업 집적지로서, 이른바 '산업지역'으로 알려져 있지만[2] 이 나라의 중소기업 집적에는 2개의 중심 핵이 있다. 하나는 수도 코펜하겐이 위치하는 세란섬이고, 이곳에는 통신, 전자, 바이오 등, 첨단산업의 중소기업이 많다. 또 하나의 중심지가 위에서 설명한 유틀란트 반도인데, 이곳에서는 섬유(헤어닝 이카스트[Herning-Ikast]지역), 가구(살링[Salling]지역), 식품 가공, 기계 제조업(콜링[Kolding]지역) 등 전통적인 산업이 집적되어 있다.

이러한 전통적인 산업이 모여 있는 유틀란트 반도지역은 1970년대, 1980년대에 코펜하겐 주변 등의 동부보다 높은 성장을 이루어, 공장과 노동력의 이동이 동쪽에서 서쪽으로 일어났다. 풍력 발전기 메이커는 모두 이 유틀란트 반도에 위치한다.

유틀란트 반도의 서해안을 방문하면, 북해로부터 불어오는 강한 서풍 때문에 나무들이 모두 동쪽으로 비스듬히 기울어져 있는 것을 목격할 수 있다. 이와 같은 기후 풍토 아래서 오늘날 세계 시장에서 발군의 시장 점유율을 자랑하는 덴마크의 풍력 발전기 산업이 성장하였다. 풍력 발전기를 만드는 이들 메이커는 오늘날 대기업으로 성장하였지만 원래는 지방의 중소기업이었다. 그리고 풍력 발전기 산업에는 부품과 정비 등 많은 관련 사업이 따르는데, 그 대부분은 오늘날도 중소기업으로 활약하고 있다. 이들 중소기업은 과거에는 지역의 주요 산업인 농업과 관련된 기계 메이커였다. 대장간,

2) 덴마크의 산업지역에 대하여서는 Kristensen[1995]가 상세하다.

철공소 같은 토착의 전통적인 기술이 오늘날의 최첨단 산업으로 성장한 것이다. 이 장에서는 유틀란트 반도에서 출발하여 덴마크의 대표적인 산업으로 자란 풍력 발전기 제조업에 대하여, 그 성장과 기술 혁신의 프로세스 및 전통 기술과 새로운 기술 혁신의 연관성에 대하여 고찰하도록 하겠다.

3.1 풍력발전의 시작

(1) 폴 라 쿠르에 의한 세계 최초의 풍력발전

바람의 에너지를 발전에 이용하는 것을 가장 먼저 생각해낸 사람이 누구인가에 대하여서는 몇 가지 설이 있다. 예를 들면, 스코틀랜드의 글라스고에서는 1887년에 J·블라이스(James Blyth)라는 사람이 수직축 풍차로 3 kW를 발전하였다 하고, 미국의 클리브랜드에서는 찰스 F. 브러시(Charles F. Brush)라는 사람이 로터 지름이 17 미터이고, 날개 수가 144 개나 되는 풍차로 12 kW를 발전하여 20년 동안이나 사용하였다고 한다. 프랑스에서도 1887년에 샤르르 드 고아이용(Charles de Goyon) 공작이라는 인물이 풍력발전에 도전하였지만 실패하였다는 기록이 남아 있다.

이와 같은 여러 주장들 중에서 풍력발전을 실질적으로 발명한 사람은 덴마크의 폴 라 쿠르(Poul La Cour)[3]라고 하는 것이 일반

---

3) (1846~1908) 「La Cour」 이라는 이름은 프랑스어계의 이름으로, 덴마크어 발음으로는 라 쿠어에 가깝지만 여기서는 라 쿠르로 한다. 라 쿠르의 전기와 발전용 풍차에 관한 일련의 실험에 대하여서는 Hansen[1981] 또는 Hansen[1985]를 참조하기 바란다.

적인 정설(定說)이다. 라 쿠르는 기상학자, 물리학자로 알려져 있었으나 1878년에 스스로 자원하여 수도 코펜하겐에서 멀리 떨어진 유틀란트 반도의 아스코우(Askov)라는 벽촌의 포르케호이스코레(고등학교)[4]에 부임하였다.

19세기가 끝나갈 무렵 덴마크에도 전기가 들어오게 되었지만 그것은 농촌과는 관련이 없는 이야기였다. 라 쿠르는 농촌이 발전하기 위해서는 전기가 필수적이라고 믿고, 덴마크의 풍부한 바람의 힘을 이용하여 발전하는 것이 농촌에 전기를 공급하는 지름길이라고 생

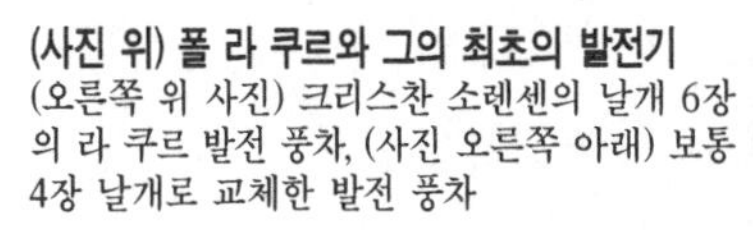

(사진 위) 폴 라 쿠르와 그의 최초의 발전기
(오른쪽 위 사진) 크리스찬 소렌센의 날개 6장의 라 쿠르 발전 풍차, (사진 오른쪽 아래) 보통 4장 날개로 교체한 발전 풍차

4) 덴마크의 포르케호이스코레는 교육학자 그룬트비(1783~1872)의 제창으로 세워진 학교로, 약 3개월간 학습을 한다.

각하였다. 그리하여 1891년에 드디어 그는 최초의 풍력 발전기를 건설하였다. 그것은 철판으로 된 날개 4장을 가진 고전적인 풍차를 직류 발전기에 결합한 것이었다.

라 쿠르는 그 후 1887년에 목수인 크리스틴 소렌센(Christian Sorensen)이 개발한 콘형(날개가 6장인) 보다 큰 네덜란드형 풍차

〈Column〉

폴 라 쿠르 박물관(Poul la Cour Museet)

Mollevej 21, Askov DK 6600 Vejen Denmark

전화 +45 7536 1036

e-mail : plc@poullacour.dk

HP : www.poullacour.dk

보통은 공개하지 않는다. 견학을 희망할 때에는 폴 라 쿠르 재단의 이사장인 비야케 토마센(Bjarke Thomassen)에게 연락하여 일정을 협의해야 한다.

폴 라 쿠르 박물관

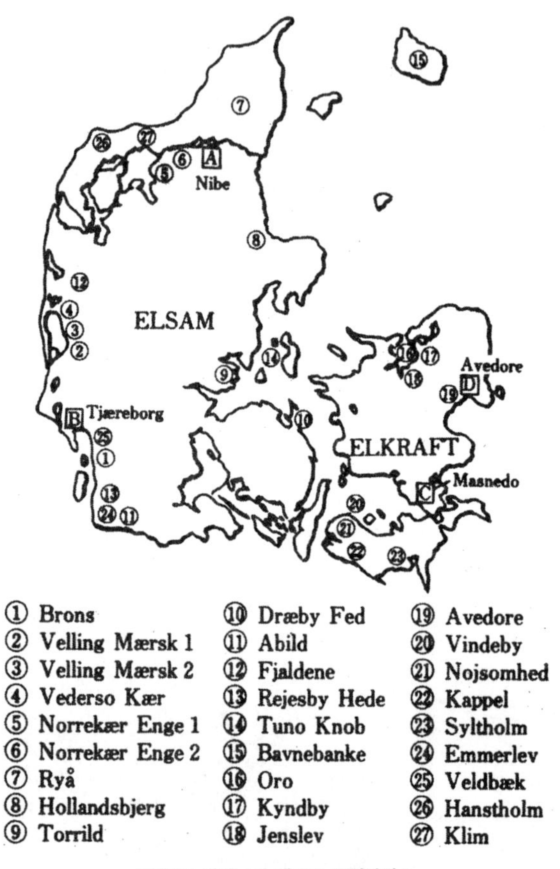

그림 3.1 덴마크의 대규모 풍력발전소

를 건설했다. 그러나 날개가 6장으로 된 것은 너무 무거웠기 때문에 1900년에 보통 4장 날개로 교체되었다. 이 풍차는 1928년에 화재로 불타버렸기 때문에 현재 남아있지 않다. 그러나 풍차가 탑재되어 있던 건물은 현재 "폴 라 쿠르 박물관"의 전시장으로 이용되고 있다. 내부에는 라 쿠르가 발명한 여러 가지 물품들과 전기기술자 양성학교의 교실, 지하의 축전지실 등이 보존되어 있다.

라 쿠르의 풍력 발전의 특징은 ① 출력을 안정화하기 위한 메카니칼 디바이스, ② 전기 분해법에 의해서 전기 에너지를 수소에 보존한다는 두 가지 점에 있었다.

풍력 에너지의 문제점은, 풍력이 일정하지 않기 때문에 안정된 에너지를 얻기 어려운 점에 있다. 라 쿠르는 풍력 뿐만 아니라 수력과 증기로도 이용이 가능한 '클라토스타트(Klatostat)'라는 조속(調速) 장치를 발명하였다(그림 3.2 참조). 이것은 추, 기어, 활차를 사용하여 발전기의 회전수를 자동적으로 조정하는 것이다. 또 강풍인 경우에는 바람을 받는 날개 판의 각도가 변하도록 하였다. 이렇게 함으로써 강풍을 도피시키기도 하고, 발전기와 블레이드가 파괴되는 것을 방지하였다.

② 수소에 의한 에너지 보존은 다음과 같은 시스템이다. 발전된 전력으로 물을 전기 분해하면, 아시는 바와 같이 수소와 산소로 분리된다. 이렇게 해서 획득한 수소를 보존하였다가 필요한 때에 수소가스 램프에 의해서 조명하는 것인데, 1895년 11월 1일에 점등한 이후 7년간에 걸쳐 이 시스템은 큰 사고를 일으키는 일 없이 가동하였다고 한다. 라 쿠르는 이 밖에도 배터리와의 접속을 제어하는 '라 쿠르 스위치'라는 것도 개발하였고, 그 후에도 풍력발전 연구를 계속하여 나라에서 보조금까지 받았다.

풍력발전의 기술 개발에 기여한 라 쿠르의 공헌은 단순히 풍차를 건설하는 데 뿐만 아니라, 풍력발전에 관한 기술을 보급하는 데에도 크게 기여하였다. 특히 전기 기술자의 양성 교육에 진력하였고 1904년에는 아스코우 포르케호이스코레에 '지역을 위한 전기 기술

중간열의 왼쪽이 폴 라 쿠르이고, 뒷 열의 오른쪽에서 세 번째가 요하네스 유르이다

자 양성 강좌'를 개설하여 많은 젊은이가 그 기술을 배웠다. 그 중에는 후일 덴마크제 풍력 발전기의 표준적인 형식이 된 겟서(Gedser) 발전기를 개발한 요하네스 유르(Johannes Juul)도 포함되어 있다.

또 그는 1903년에 덴마크 풍력발전 회사(Dansk Vind Elektrisitet Selskab)을 설립하였는데, 이 회사는 그 지방의 대장간 등에서 일하는 직공과 농촌 출신자로 조직한 것이었다. 약 60개소에 풍력발전소를 설치하여, 농촌에 대한 전력 보급에 힘썼지만 소형 디젤 발전기가 발달함으로써 풍력발전은 설 자리를 잃고 덴마크 풍력발전회사는 1916년에 끝내 해산하기에 이르렀다.

라 쿠르에 의한 풍력발전 노력은 덴마크 각지에 등장한 풍력 발전기를 만드는 공장에 의해서 전국으로 확산되었다. 핀 섬의 유게고(Lykkegård) 풍차와 셀란섬 홀베크(Holbaek)의 프레데리크 데르고(Frederik Dahlgaard) 등이 대표적이었다. 그 중에서도 유게고의 풍차는 성공을 거두어 1945년에는 덴마크 전국에 67기가 세워졌다고 한다. 또 이 유게고 풍차는 덴마크 국내 뿐만 아니라 남미에까지 팔려 나갔다(그림 3.3 참조).

(2) 본격적인 풍력발전의 시작

— 아그리코 풍차에서 겟사 풍차로 —

① 아그리코 풍차

풍속 변화에 대한 대응 등, 라 쿠르에 의해서 풍력발전의 기초 기술이 갖추어진 셈인데, 라 쿠르가 사용한 풍차는 여전히 전통적인 날개판 풍차였다. 현대의 풍차와 같은 프로펠러식 양력형의 날개 6

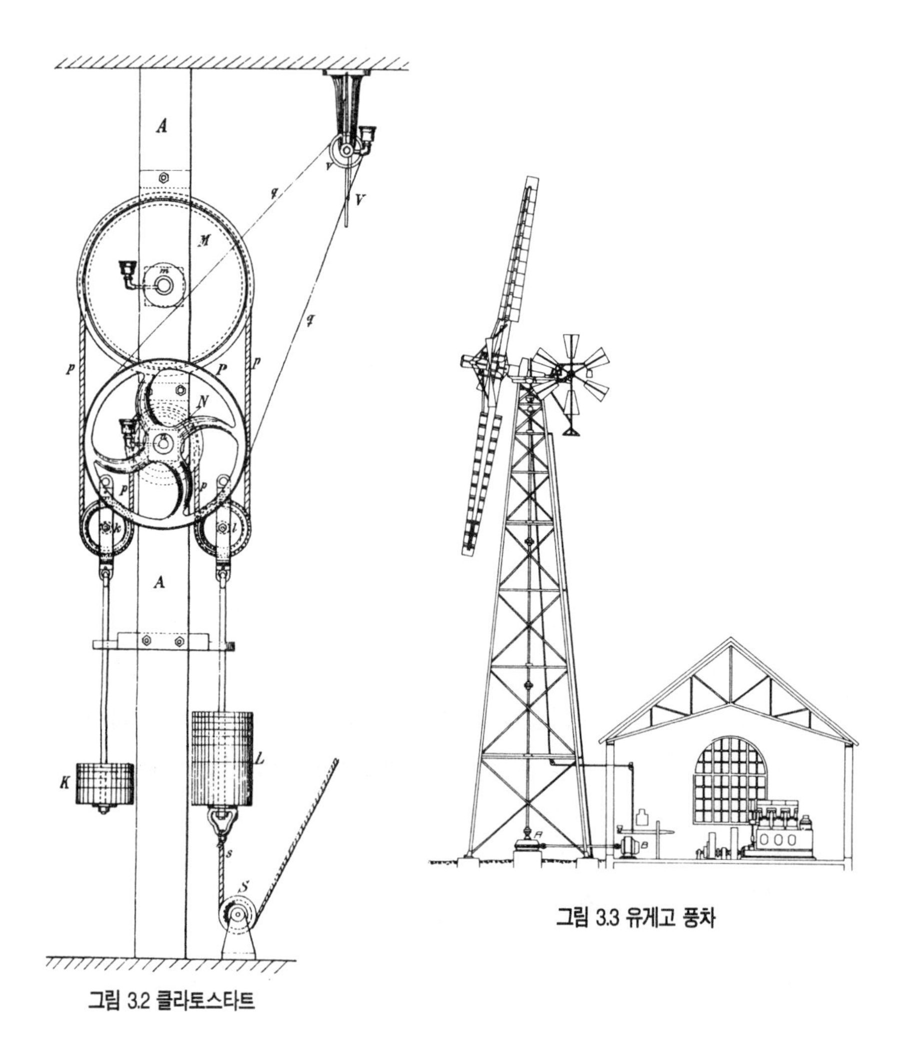

그림 3.2 클라토스타트

그림 3.3 유게고 풍차

장의 풍차가 에리크 팔크(Erik Falck), 요하네스 옌센(Johannes Jensen), 폴 빈딩(Poul Vinding)이라는 세 사람의 엔지니어에 의해서 처음 만들어진 것은 1917년이었고, 그것은 농업기계 주식회사(Landbrugsmaskin-Kompagniet A/S)가 건설한 아그리코

(Agricco) 풍차였다.

그 후 1920년대에는 공기역학과 유도 발전기에 의한 교류발전 등이 연구되었고, 이 당시 덴마크에는 세 가지 발전용 풍차가 있었다. 라 쿠르의 풍차에 바탕한 날개판형의 전통적인 풍차 발전기가 있었으며, 유게고와 프레세리크 디르고 등이 이에 속했다. 두 번째는 미국제의 다익(多翼) 풍차를 사용한 발전기로, 프레세리크 디르고는 이 형식의 발전기를 만든 외에도 코펜하겐의 스크레자 & 요안센사(Schrøder & Jorgensens Eftf.)도 있었다. 그리고 마지막 형식은 공기역학적인 프로펠러 풍차를 사용한 발전기로, 아그리코 풍차가 그 예였다.

그림 3.4 아그리코 풍차의 날개
출처 : Thorndahl[1996] p.12, Fig VI에서 전재

② F. L. 스미트사의 에어로 모터

에너지 자원이 부족했던 제2차 세계대전 중에는 엔지니어링 회사인 F. L. 스미트사(F. L. Smith)에 의해서 F. L. S. 에어로모터(F. L. S. Aeromotor)라는 이름의 풍차가 많이 생산되었다.

이 회사의 클라우디 웨스트(Claudi Westh)는 풍차를 공기역학적으로 연구하여, 블레이드 2장, 블레이드 3장 등, 다양한 풍력 발

그림 3.5 F.L. 스미트사의 날개 길이 24미터의 에어로 모터

전기를 실험하였다. 또 동사의 프로펠러형 날개의 설계에는 앞서 소개한 폴 빈딩이 크게 공헌하였다.

③ 겟사 풍차

제2차 세계대전 후에 등장한 사람이 현대 풍차의 시조라고 할 수 있는 요하네스 유르였다. 유르는 1887년에 유틀란트 반도 오프스(Arhus)의 농가에서 태어났다. 유르의 부모는 그룬드비의 영향을 많이 받았다. 또 유르는 1904년에 역시 그룬드비의 강한 영향을 받아 설립한 아스코 포르케호이스코레에 입학했고, 그곳에서 전술한 라 쿠르가 설립한 '지역을 위한 전기 기술자 양성 강좌'에서 전기기술을 배웠다.

그림 3.6 보에 풍차

이 학교를 수료한 유르는 덴마크 각지의 발전소 설치에 종사하다가 독일로 가서 수업을 쌓은 다음, 1914년에 전기 기술자의 자격을 취득하여 독립한 전기기술자로 일했다. 그 후에 그는 동남세란전력회사(SEAS : Sydøstsjaellands Elektricitets Aktieselskab)에 엔지니어로 취직하여, 처음에는 전기 조리기구를 연구했고, 저전압의 레인지개발에 성공하여 특허를 획득한 것과 때를 같이하여 덴마크 기술자협회 회원이 되었다.

제2차 세계대전 중에 이탄(泥炭)을 사용한 발전을 연구하였으나 이탄의 원료가 점차 고갈되는 사실을 깨닫고는 새로운 에너지원의 탐색 필요성을 절감했다. 그 결과 1947년에 풍력발전을 개발하기 시작하였다. 처음에는 F. L. 스미트사의 풍차를 개량하기도 하고 교류 발전기를 접속하는 등의 다양한 실험을 되풀이했다. 그 하나가 1950년에 만든 '베스터 이스보(Vester-Egesborg) 풍차'이고 1952년의 '보에(Bogø) 풍차'였다.

후자는 날개가 3장이고, 스톨 제어, 에어 브레이크, 알미늄선에 의한 블레이드의 빔 등, 겟사 풍차의 원형이 되는 특징을 갖는 것이었다.

한편 유르가 몸담고 있던 사회쪽에도 풍력발전에 큰 관심을 기울이기 시작했다. 1950년 4월, 유르는 경제협력개발기구(OECD)의 전신인 유럽 경제협력기구(OEEC)가 파리에서 개최한 풍력 에너지 회의에 참석했다. 그 회의에서 각 나라들은 풍력발전의 개발을 담당하는 조직을 만들기로 결의하였다. 그 결의에 대응하여, 덴마크의 공익사업부는 덴마크 공공전력협회(DEF: Dansk Elvaerkers Forening)에 풍력위원회를 설치하도록 요구했다. 그 결과 1950년 9월에 풍력위원회가 설립되고, 풍차 제조업자와 발전소 대표 및 대학의 연구자가 위원이 되었다.

풍력위원회는 1952년에 베스터 이스보 풍차와 보에 풍차의 실험 계속과 출력 100~200kW의 보다 큰 실험 풍차의 건설을 결정하였고, 국가에 대하여 30만 크로네의 자금 지원을 신청했다. 이 신청에 대하여 덴마크 의회는 제2차 세계대전 후에 유럽의 복구를 위해 미국이 제정한 마셜플랜[5]을 이용하도록 승인했다. 그 결과 1954년 5월에 공익사업부가 풍력위원회에 30만 크로네를 제공하기로 결정하였지만 실제로 그 30만 크로네가 지원된 것은 그로부터 2년 뒤인 1956년이었다.

---

5) (Marshall Plan) 1947년 6월, 당기 미국 국무장관인 마셜이 하버드대학에서 한 연설이 계기가 되어 만들어진 지원계획, 기간은 1947~1952년이었다.

참고로, 현재 풍력 발전기의 테스트 리서치센터로 알려져 있는 리소 국립연구소는 1955년에 원자력 에너지를 연구하기 위해 설치되었으며, 그 예산은 1억 5,000만 크로네였다. 풍력위원회의 예산과 비교하면 덴마크 역시 당시에는 풍력이 그다지 중시되지 않았다는 것을 짐작할 수 있다.

당시로서는 대형 풍력 발전기인 출력 100~200kW기의 건설은 먼저 건설지역 선정에서부터 시작되었다. 서유틀란트의 에스비야(Esbjerg)와 세란섬 남쪽에 있는 팔르스타섬 최남단의 겟서(Gedser) 두 곳이 후보지가 되었다. 각 지역에 있는 전력회사의 지금까지의 풍력발전 경험이 비교된 결과 SEAS의 담당 지역 내에 있

← 출처 : Pedersen[1990] p.6.

그림 3.7 겟사 풍차

표 3.2 겟사 풍차의 시방

로터 지름	24 m
티프의 주파수	38 m/s
회전 스피드	30 r.p.m
블레이드	스트라트와 스테이가 붙은 나무와 쇠
콘트롤	스톨(실속) 제어
컷 인	5 m/s
컷 아웃	15 m/s
타워	콘크리트 25 m
발전기	8극 유도발전기 200 kW

출처 : Rasmussen[1990] p.11.

는 겟사가 선정되었다. 그래서 이 대형 풍차를 '겟사 풍차'라고 부르게 되었다.

설계에는 베스터 이스보 풍차와 보에 풍차의 경험이 활용되었다. 기본적으로는 출력 45kW의 보에 풍차를 대형화하여 200kW로 한다는 계획이었다. 보에 풍차의 3장 날개, 업 윈드, 티프 브레이크라고 하는 기본 시방은 그대로 답습되고, 베스터 이스보 풍차와 보에 풍차에서도 시도되었던 스톨 제어가 본격적으로 채용되었다. 스톨이란, 날개(블레이드)가 양력을 상실하여 실속하는 것을 이른다. 항공기의 경우는 실속은 바로 추락으로 이어지지만 풍차에서는 실속을 블레이드의 회전수 제어에 이용한다. 덴마크에서 풍차에 스톨 제어를 본격적으로 채용한 것은 유르가 시초였다.

현대 상업용 풍력 발전기 중 '덴마크형'이라고 하면 날개 3장인 업 윈드, 티프 브레이크, 스톨 제어를 특징으로 하는 발전기를 가리키는데, 이것은 모두 이 겟사 풍차에 의해서 확립된 기술이다. 그러한 의미에서 겟사 풍차는 오늘날 덴마크 풍차의 원형이라고 할 수 있다.

겟사 풍차의 낙성식은 1957년 7월 26일 운수장관까지 참석하여 거행되었다. 그날 영국에서는 저명한 풍차연구자인 E.W. 골딩도 참석했다. 완성된 겟사 풍차는 타워의 높이가 25미터, 블레이드의 길이는 12미터이고, 그 블레이드는 목제 틀을 알루미늄판으로 씌운 것이었다. 안전성을 고려하여 피치각이 변하지 않는 고정 피치였다. 출력은 계획대로 200kW였고, 교류 발전기에서 일반 송전선에 접속되는 최초의 풍력 발전기가 되었다.

완성한 후 실험과 조정기간을 거쳐 1958년부터 본격적으로 가동을 시작했다. 그리고 1967년까지 10년간 2242 MWh의 전력을 생산했고, 1964년에는 1년간에 367 MWh를 기록하기도 했다.

겟사 풍차는 비용을 절감하기 위해 구조를 간단하게 하였기 때문에 운전을 시작하자 윤활유가 새고 주변 논밭에 기름을 뿌리는 결점을 드러냈다. 그런 연유로 겟사 풍차는 오일밀(Oilemøllen)이라는 애칭으로 불리우기도 했다.

겟사 풍차를 건립한 풍력위원회는 1962년에 최종 보고서를 내고는 해산했다. 그 최종 보고서에는, 겟사 풍차에 의해서 풍력발전은

〈COLUMN〉

덴마크의 전기 박물관(Elmuseet)

주소 : Bjerringbrovj 44, Tange, DK8850 Bjerringbro, Denmark
전화 : +45 8668 4211
HP : www.elmus.dk
여름(4월부터 10월)만 개관하고 있으며 겨울에는 폐관하고 있다. 상세한 개관 시기는 동 박물관에 문의하기 바란다.

전기 박물관에 전시되어 있는 겟사 풍차의 나셀과 분해 보관되고 있는 블레이드

그림 3.8 리세아 풍차의 모습

기술적으로 신뢰할 수 있게 되었다고 평가한 한편, 발전 코스트는 화력발전의 2배 이상 들기 때문에 이 이상 풍력 발전기 개발을 계속할 근거는 없다는 결론을 담고 있었다. 유르는 반론을 제기하였지만 그 반론은 받아들여지지 않았다. 덴마크에서도 당시에는 원자력의 장래에 거는 기대가 컸던 것이다.

석유파동 이후인 1976년, 미국의 에너지부·에너지연구소(ERDA : Energy Research and Development Administration)의 요청으로 덴마크의 공공전기협회는 겟사 풍차의 재가동 가능성에 대하여 조사했다. 조사 결과 간단한 수리로 재가동할 수 있다는 것을 확인하고, 1977년부터 1979년까지 겟사 풍차는 다시 발전하여 여러 가지 데이터가 수집되었다. 이 조사를 통하여 미국측의 조사단은 그 안전성에 감탄하였다고 한다.

그리고 다시 1993년 겟사 풍차는 해체되어 현재는 베이잉그브로(Bjerringbro)의 전기 박물관에 보존되어 있다.

(3) 석유파동과 에너지 문제의 부각

① 리세아 풍차

1973년의 석유파동에서 시작된 에너지 위기는 덴마크에서도 풍력발전에 큰 관심을 갖게 했다. 그 무렵에는 10~15 kW의 소형 풍력 발전기가 몇 사람의 아마츄어에 의해서 만들어지고 있었다. 그 중에서 가장 성공을 거둔 사람이 크리스챤 리세아(Chiristian Riisager)였다. 헤어닝의 목수·가구 직공이었던 리세아는 1975년에 22 kW짜리 풍력 발전기를 개발했다. 리세아의 풍차는 블레이드 선단의 티프 브레이크를 제거하고는 겟사 풍차의 컨셉트에 바탕을 두고 있으며, 그것을 소형화한 것이었다.

리세아는 1972년경부터 수차 발전과 풍력 발전에 흥미를 가지고, 풍력에 의한 직류 발전에 성공했었다. 그 후에 유르의 연구 성과를 배운 다음에는 3장의 날개, 업윈드, 스톨 제어의 교류 발전기를 만들기 시작하였다. 그리하여 1975년에 22 kW기를 자신의 뒷마당에 세운 다음, 일반 송전망과의 접속(계통접속)을 신청하여 허가를 얻었다. 이것은 개인이 계통 접속한 최초의 사례였다. 다음 1976년에는 더 대형화한 30 kW기를 개발하고, 1980년까지 약 70기를 건설하였다. 솜씨에 자신이 있는 목수와 대장장이 등이 리세아 풍력 발전기를 모방하여, 풍력 발전기 생산을 시작했다. 소네베아사와 윈드

표 3.3 덴마크의 발전 풍차 약사

	1891~1908	1914~1926	1940~1945	1917~1962
과학적 지식	항력이론, 오일러, 스미톤 이아밍거, 라 쿠르	공기역학, 라 쿠르 폴리테크닉 (연구그룹)	공기역학, 베츠, 비라우	공기역학, 베츠, 비라우(게팅겐) 국제협력
건설 기술지식	라 쿠르 아스코우에서의 실험(특허)	이엔센 & 빈딩(특허) 포크트(해군 조선소)	크라우디 베스트와 소이첸 (F. L. 스미트)	요하네스 유르 베스터 이스보 (특허) 보에 풍차 겟사 풍차 외국과의 협력
전력공급 구조	1891년 전가능성 직류. 분산 구조	직류(NESA 교류) 분산/직결	직류-마을에서 직결	교류 직결
정치적 경제적 지원	라 쿠르에 대한 국가 지원	제1차 대전 연료 위기(민간 기업) 포크트에의 대한 국가 보조	제2차 대전 (민간 기업)	SEAS(민간기업) DEF(정부 지원 단체)
제조자	전통적 풍차목수 유게고 데르고	유게고 데르고 아그리코	스미트 유게고 많은 중소 메이커	SEAS(유르) DEF(유르, 풍력 위원회)
풍차형식 바람의 평균 이용도	영국형 풍차 네덜란드형 풍차 블레이드판 풍차 다익 풍차	블레이드판 풍차 23% 네덜란드 풍차 6% 다익 풍차 17% 프로펠러 풍차 43%	블레이드판 풍차 네덜란드 풍차 다익풍차 프로펠러 풍차 30~40%	블레이드판 풍차 23% 다익풍차 17% 프로펠러 풍차 50~60%

출처 : Thorndahl[1996], p.2 Tabel 1

표 3.4 덴마크 발전용 풍차의 시방

	로터 길이 (m)	풍속 (m/초)	발전기 (kW)	로터형식	제어	날개끝 속도 (m/초)	바람의 이용도	요
블레이드 풍차 1915~45 라 쿠르형	7~18	6~ 11.4	5~30 직류	4장 목제 날개	철봉에 의한 블레이드 판 개폐	2.5	23%	꼬리 날개
아그리코 풍차 1918~25 (NESA) 옌센&빈딩	5~ 12.5	4~10	5~40 다이나모 (비동기)	4~6장 철제 프로펠러	세일링 스프링에 의한 제어	3	43%	꼬리 날개
프로펠러 풍차 F.L.스미트 1940~50	17.5 및 24	6~24	50과 70 직류	2~3장 목제 프로펠러	날개 플랩	9	30~ 40%	꼬리 날개
프로펠러 풍차 SEAS (Juul) 베스타 이스보 1950	7.65	5~15	12 교류	금속, 나무 2장 또는 3장 알루미늄 플레이트 /지주달린 목제틀	스톨, 날개 끝 회전 (티프)	6.5	40~ 50%	전기 모터
보에 풍차 1952	13	5~15	45	지주 달린 3장 날개	날개 끝 회전 (티프)	5.4	50~ 60%	전기 모터
겟사 풍차 1957	25	5~15	200	지주 달린 3장 날개	날개 끝 회전 (티프)	5.4	40~ 50%	전기 모터

출처 : Thorndahl [1996], p.3 Table 2

마틱사(Windmatic)가 그 예이다.

② 트빈 풍차

1975년에 포르케호이스코레에서 세계 최대의 풍력 발전기를 건설하려는 트빈(Tvind)이라고 하는 계획이 수립되었다. 이 학교는 사회주의적인 교육방침을 가진 학교로서, 난방비 절약과 원자력 발전에 대한 대안책의 일환으로 이 프로젝트가 시작되었다. 그렇다고 해서 그 학교의 교사나 학생들에게 풍차에 관한 전문 지식이 있었던 것은 아니었다. 그러나 사회운동가인 많은 엔지니어와 직공이 결집하여 학생들에게 전문 지식을 전수하며 도왔다. 그 중에는 유르보다 먼저 제2차 세계대전 중에 목제 날개를 설계했고, 후에 리소 국립연구소에 테스트 & 리서치 센터가 설치되었을 때 초대 소장을 역임한 헤리에 페더센(Helge Pedersen)이라는 엔지니어도 포함되어 있었다.

당시에 협력한 덴마크 공과대학의 울리크 크라베(Ulrich Krabbe) 교수는, 학교의 난방용 뿐만 아니라 일반 전력망에도 접속하도록 조언함과 동시에 주파수 변환 박스를 제공했다.

가장 어려웠던 것은 블레이드 제작이었다. 블레이드는 글라스 파이버를 에폭시 수지로 표면 처리한 것으로, 날개 길이 27 미터(가변피치)였으며, 당시로서는 세계 최대 규모였다. 이처럼 큰 풍차 블레이드를 만든 경험이 있는 사람은 무척 드물었으므로 트빈의 풍차 건설팀은 독일 슈트트가르트대학 교수인 울리히 휴터에게 지도를 요청했다. 독일편에서 상세하게 소개하겠지만, 휴터는 제2차 세계대전 이전부터 풍력발전을 연구한 풍력발전의 세계적 권위자였고, 특

그림 3.9 트빈 풍차의 모습

히 과학적 지식에 바탕한 세련된 풍력 발전기 개발자로 알려져 있었다.

트빈 그룹은 풍차의 회전축과 블레이드의 결합에 관한 휴터의 기술을 습득하고, 트빈으로 돌아왔다. 과학기술 지향, 톱다운형 의사결정의 전형이라 할 수 있는 휴터와, 지연기술 지향, 보톰업형 의사결정을 중시하는 트빈 사이에 접점이 있었다고 하는 것은 매우 흥미를 자아내는 일이었다.

3년의 세월을 거쳐 1978년에 트빈풍차는 완성을 보았다. 발전기는 1954년에 스웨덴의 기계 메이커인 아세아에 의해서 만들어진 출력 1725 kW의 교류 발전기였고, 기어 박스는 1958년제로 같은 아세아 제품, 그리고 메인 샤프트는 암스테르담의 폐선장에 있던 옛 탱커의 프로펠러 샤프트였다.

이렇게 폐품들을 이용함으로써 제작비를 절약하고, 650만 크로네라는 적은 비용으로 건설하였다. 타워의 높이는 53미터의 콘크리트제였고, 날개가 3장인 다운 윈드형이었다. 이것은 유르의 겟사 풍차에서 시작되는 이른바 덴마크형과는 약간 다른 형이었다. 공칭 출력은 당시의 세계 최대 출력인 2 MW였지만 실제로는 450 kW만 계통에 접속할 수 있었고, 450 kW는 학교 안의 온수 공급에 사용하였으므로 합하여 900 kW로 운전되고 있었다.

트빈 포르케호이스코레는 그 후에 창설자의 한 사람이 보조금의 부정 사용과 탈세 혐의로 지명 수배되자 미국으로 도피 중에 체포되었기 때문에 학교 자체도 일종의 부정 집단처럼 비쳐, 덴마크 사회로부터 백안시 당하게 되었다.

그러나 1970년대 후반에 대기업의 손에 의존하지 않고 대형 풍차를 건설하였다는 업적과, 그 후에 덴마크 풍력발전의 기술자 네트워크를 만드는 계기가 되었다는 점에서는 크게 평가 받아야 마땅할 것이다.

(4) 대형기 개발 프로젝트

① 니베 풍차

리세아와 같은 개인이나 소기업에 의한 소형 풍차, 그리고 트빈 포르케호이스코레와 같은 이데올로기적인 배경을 가진 풍력 발전기 개발이 진행된 것과 같은 시기에 전력회사를 중심으로 대형기의 개발 프로젝트도 진행되었다.

석유파동 이후 덴마크의 기술과학아카데미(Akademiet for

Tekniske Videnskaber)는 풍력 에너지의 가능성에 대한 연구를 시작하여, 1975년에 덴마크에는 풍력발전에 필요한 충분한 자원이 있으므로 풍력 발전기를 생산하기 위한 기초 연구에 5,000만 크로네의 연구 자금을 투입하여야 한다는 리포트를 발표하였고, 그 리포트에 바탕하여 1977년에 풍력 프로그램(Vindkraft-program)이 확정되어 3,500만 크로네의 예산이 배정되었다.

이 프로그램의 목적은 대형 풍력 발전기가 덴마크의 전력 공급에 어떤 조건에서, 어느 정도 공헌할 수 있는가를 밝히기 위한 것이었다. 이 프로그램에 의해서 최초로 착수한 것이 앞서 설명한 미국 에너지연구소(ERDA)와 공동으로 겟사 풍차 재운전에 의한 데이터 수집이었다.

겟사 풍차에 대한 조사가 끝나기 전인 1977년, 실험용 대형기의 건설계획이 세워졌다. 이것은 에너지부와 전력회사의 부담으로 유틀란트 반도 북부의 니베(Nibe)에 2대의 대형기를 건설한다는 계획이었다. 2대 모두 출력 630 kW, 타워 높이 45미터, 로터 지름 40미터의 블레이드 3장, 업 윈드형이라는 공통된 특징을 갖는 것이었지만 제어방식은 달리하여 양자를 비교하려는 목적을 가지고 있었다. 니베 A라고 하는 발전기는 스톨제어, 니베 B라고 하는 다른 하나는 피치제어였다.

자금이 부족하였기 때문에 블레이드는 스틸과 유리섬유 강화 폴리에스테르(GFRP)의 복합재료로 만들어지고, 그 설계는 리소 국립연구소가, 그 밖의 부분은 덴마크 공과대학에서 설계했다.

표 3.5 니베 풍차의 운전시간(1989년 1월까지)

	운전시간	발전량
니베 A	6146 시간	1313 MWh
니베 B	18196 시간	4829 MWh

출처 : Grastrup and Nielsen [1990] p.26, Table 1

이들 2기의 건설은 1978년에 시작하여 다음 해인 1979년에 완성하였다. 니베 A는 1979년 9월에, 니베 B는 1980년 8월에 일반 송전망에 접속하였지만 운전 시작 직후부터 주로 블레이드의 금속 피로 원인으로 트러블이 이어졌다. 니베 A는 1983년부터 1984년에 걸쳐 운전이 중지되고, 그 후에도 1991년까지 데이터 수집을 위한 측정 때 이외에는 운전되지 않았다. 니베 B 역시 마찬가지의 트러블을 안고 있었지만 1984년에 블레이드를 목제로 교환한 이후부터는 가동률이 훨씬 높아졌다. 니베 풍차의 운전 시간과 발전 전력은 표 3.5와 같았고, 이것은 소규모 메이커의 풍력 발전기의 성능에도 못 미치는 것이었다.

② 빈덴 40과 체아보 풍차

니베에서의 비교 실험을 경험으로, 두 송전회사가 대형기 건설을 계획하였다. 당시 덴마크의 전력업계는 많은 발전회사와 배전회사를 연결하는 송전회사가 동서에 2사가 있었다. 세란섬을 중심으로 하는 엘크라프트(Elkraft)와 핀섬과 유틀란트 반도를 중심으로 하는 엘삼(Elsam)이었다. 이 두 회사가 덴마크 정부와 유럽연합(EU)의 지원을 받아 대형기를 건설하였다.

엘크라프트의 계획은 덴마크 윈드 테크놀로지(Denmark Wind

Technology)사제의 빈덴 40(Windane 40)이라는 750 kW기를 마스네에(Masnedø)섬에 건설한다는 것이었다. 기본 설계는 니베 풍차의 것을 답습하고, 니베 B와 같은 피치 제어가 선택되었다. 니베에서의 교훈을 바탕으로 블레이드는 균일 재료로 만들기로 하여 GFRP가 선택되었다. 1985년에 건설을 시작하여 1987년부터 운전을 시작하였지만 오버 히트로 인한 블레이드 탈락과 기어 박스의 트러블이 잇따랐다.

엘삼의 계획은 더욱 대형이어서 출력이 2 MW나 되는 당시로서는 매우 큰 것이었다. 이것을 1986년부터 에스비아에서 가까운 체아보(Tjaerborg)에 건설을 시작하여 1988년에 완성하였지만 이것 역시 기어 박스의 트러블이 잇따라 기대만큼의 성능을 발휘하지 못했다.

3.2 풍력 발전기의 산업화

(1) 신규 참가

리세아에 의해서 진출을 시작한 개인과 소기업에 의한 풍력 발전기의 제조 판매는, 1970년대 후반에 이르자 몇몇 메이커의 참가가 이어졌다. 예를 들면, 1976년에는 S. J. 윈드파워사(S. J. Windpower)가, 1977년에는 전술한 소네베아사, 1978년에는 윈드마틱사, 쿠리앙트사(Kuriant) 등이 새로 가세했다. 풍차 규모는 10~15 kW 정도의 소규모 풍력 발전기였다. 그 이후 1980년까지 약 10개사가 풍력 발전기 제조업에 참여하였으며, 그 대부분은 리

표 3.6 덴마크의 풍력발전기 산업 참여 업체(11974~1989)

연	참 여 기 업
1974	Riisager(M)
1976	S.J.Windpower(M), Økaer Vindenergi(V)
1977	Sonebjerg(M)
1978	Windmatic(V), Vind(Riisager), Kuriant, K. J. Fiber, Vølund(V), Herborg Vindkraft(V), K.K, Elektronik(S)
1979	Vestas(M), Bonus(M), Nordtank(M), NIVE(M), Hemi(S)
1980	Alternegy, LM Glasfiber
1981	Tripod (컨설턴트)
1982	Dansk Vindteknologi(M+V)
1983	Danish Windpower(M), Folkecenter (연구소), Micon(M, Nordtank에서 분리 독립)
1984	Wincon (M), Danwin(M)
1985	Tellus(M), Vindsyssel(M), Dencon(M), Windworld(M)
1986	Nordex(M)
1987	Centec(S)
1988	Orbital
1989	Vestas, DWT를 합병

역주 : 괄호 안의 기호는 M=풍력발전기, V=날개(블레이드), S=(제어기기)
출처 : Karnøe [1991] pp.329-330, Tabel 2.1.

세아의 풍차를 모방한 것이었다.

오늘날, 이들 메이커들의 이름은 알려지지 않고 있다. 그러나 현재의 유력 메이커가 풍력 발전기를 만들기 시작한 것은 대부분 이 무렵부터였다. 1979년에는 현재 덴마크의 대형 3사 — 농업용 수송기계 메이커였던 베스타스사, 탱크차용의 물과 오일의 탱크 메이커였던 노탱크사(현재의 NEG미콘의 전신), 그리고 관개, 급수설비 메이커였던 보나스 에나기사—가 풍력 발전기 생산에 뛰어 들었다. 이들 회사의 공장에서는 숙련 노동자와 기사(technician) 및 소수의 현장 기술자(practical engineer)가 중심 핵을 이루고 있었다. 그들의 개발방법은 현장에서의 실험(practical experiment)과 운용 과정에서의 경험(operational experience) 등의 현장 연수(learning by using)에 의한 공장 내(shop floor)에서의 논의를 통한 경험과 노하우가 축적되었다.

풍력 발전기 메이커 뿐만 아니라 블레이드 등의 부품 메이커도 이 무렵에 많이 설립되었다. 덴마크 공과대학의 에코로지 그룹 멤버였던 에리크 그로베 닐센은 1970년대 초에 유틀란트 반도의 비보 부근에 낙향했다가 1977년에 에케아 풍력 에너지사(Økaer Vindenergi)라고 하는 풍차 블레이드 제조공장을 설립하였다.

그는 트빈 포르케호이스코르 그룹으로부터 풍차 블레이드의 견본을 구입하여 풍차 블레이드를 제조하기 시작했다. 그리고 그 다음 해인 1978년에는 리세아와 어깨를 나란히 하는 초기 풍차의 파이오니어였던 칼 에리크 요안센(Kar Erik Jorgensen)이 헨리크 스티스달(Henrik Stiesdal)이라는 엔지니어와 함께 헤아보 풍력(Herborg Vindkraft)이라는 풍차 블레이드 제조공장을 개업했다.

다음 1979년에 헤아보 풍력은 베스타스사와 라이센스 계약을 체결하고, 헤아보 풍력의 서플라이어였던 그로베-닐센의 기술이 블레이드의 사내 생산을 특징으로 하고 있는 베스타스사의 블레이드 생산의 기초가 되었다.

요안센은 '액티브 요' 개발에 공헌한 기술자로 알려져 있다. 이 기술은 풍향이 변화하는데 대한 블레이드면의 반응을 개선하는 것이

표 3.7 덴마크의 풍력 발전기 건설 지원금

연 도	1979	1981	1982	1983	1985	1987	1988	1989
지원금율(%)	30	20	30	25	20	15	10	폐지

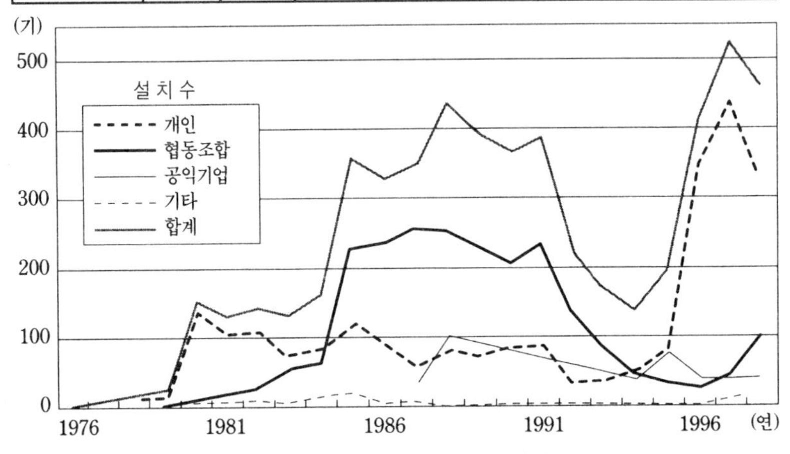

그림 3.10 소유 형태별 설치 대수의 추이

었다. 이제까지는 바람의 힘에 의존하는 '패시브 요'로, 바람에 맞추어 블레이드의 방향을 바꾸었지만 동력을 사용하여 풍향에 블레이드의 정면을 맞추는 시스템이 '액티브 요'이다.

(2) 풍력 발전에 대한 투자와 건설 지원금

리세아의 성공과 더불어 풍력 발전기 산업에 대한 참여를 촉진한 것은 풍력발전 소유자에 대한 지원금 제도의 도입이었다. 이 제도는 1979년에 국회를 통과하여 당초에는 건설자금의 30%를 지원한다는 내용이었다. 그 후 지원율은 점차 떨어져 10년 후인 1989년에는 이 제도가 폐지되었다.

하지만 이 무렵의 독일이나 네덜란드 등 유럽의 몇몇 나라들을 보면 풍력 발전기 개발에는 많은 지원금을 지출하고 있었지만 시장을 육성하기 위한 보조금은 지원하지 않았다.

따라서 덴마크의 이와 같은 시장 육성책이 풍력 발전기의 수요를 촉진하여 풍력 발전기 산업 발전에 크게 공헌한 것은 틀림이 없다. 이 제도가 시작된 1979년부터 1985년까지 사이에 약 1,300기의 풍차가 이 지원금의 혜택을 받아 건설되었다.

1970년대에 덴마크 국내에서 풍력 발전기를 구입하는 고객은 주로 농민이었으며, 자신이 소유하는 밭 안에 풍차를 여러 대 건립하는 사례가 많았다. 그 이후 1980년대에 들어서자 농민들이 협동조합을 설립하여 풍차를 구입하는 사례가 늘어났고, 그림 3.10에서 보는 바와 같이 1985년이 되자 협동조합에 의한 설치가 개인의 설치를 능가하게 되었다.

개인이거나 협동조합이거나 주체는 농민이었다. 앞서 설명한 바와 같이, 대부분의 풍차 메이커는 원래 농업 관련의 기계 메이커였다. 즉 풍차 메이커 입장에서 보면 고객은 이전과 같은 사람들이었다. 그러므로 수용가의 의견이나 문제점의 지적 등, 수용가와 메이커 간의 의사 소통이 매우 원활했다.

이처럼 제품에 관한 수용가의 의견의 원활하게 피드백됨으로써 풍력 발전기의 신뢰성을 높일 수 있었으며, 그것은 곧 1980년대 초반에 미국 시장에서 성공을 거둔 배경이기도 하였다. 이것도 덴마크 풍차의 기술확립 과정에서 보텀업적인 의사 결정이 중요한 역할을 한 예이다.

(3) 리소 국립연구소

전술한 지원금을 획득하기 위해서는 성능을 검증 받은 풍력 발전기를 건설하여야만 했다. 그 검증 테스트를 담당한 곳이 1978년에 로스키레 근교의 리소(Risø) 국립연구소에 설치된 테스트 & 리서치센터(TRC : Test and Research Center)였다. 리소 국립연구소는 1956년에 원자력의 연구기관으로 설치된 연구소이다.

정부는 처음 3년 동안 연간 550만 크로네(약 100만 달러)의 보조금을 TRC에 지원했다. 트빈의 2 MW 풍차 프로젝트에도 참여했던 헤리에 패더센이 초대 소장으로 취임하고, 그 외에 3명의 풍력발전 경험자를 포함한 4명의 엔지니어가 소원이 되었다.

지원금의 대상이 되기 위해 풍력 발전기 메이커와 TRC 간에 활발한 교류가 이루어지고, 기업의 담을 넘은 의견 교환도 이루어졌다. 또 그곳에서 많은 최첨단의 연구 성과가 출판되기도 했다. 그러나 그것은 결코 과학적인 최첨단의 지식은 아니었고, 공장 현장에서의 발상을 중시하는 보텀업적인 개발 지향을 중시하는 것이었다. 때문에 공기역학적인 지식이나 경험은 충분하지 못했고 안전 마진을 크게 취하는 경향이 있었으므로 중량도 무겁고 외관도 볼품 없는 풍차가 만들어지게 되었다. 그러나 그것이 후에 미국 시장에서 경고함을 평가 받는 계기가 되었다.

풍력 발전기 모델을 검증 받기 위한 비용은 10만 크로네였고, TRC의 검증 기준은 기술 발전에 따라 매년 변경되었으므로 인증의 유효기간은 단 1년이었다.

(4) 캘리포니아 붐에 의한 산업의 확립

전술한 지원금 제도 덕분에 시장이 성장하였다고는 하지만 역시 덴마크의 국내 시장은 협소하기 그지없었다. 이 한계를 뛰어넘어 산업이 성장하는 계기가 된 것은 미국의 캘리포니아에서 일어난 풍력발전 붐이었다.

캘리포니아는 1978년에 태양광이나 풍력으로 발전기를 설치하면 소규모 시스템의 경우는 주의 세금을 50%, 사업소의 경우는 25% 공제하여 주는 캘리포니아 주법이 제정되었다. 이 세금 우대정책에 의해서 연방세 공제와 합하면 약 40~50%의 매우 큰 세금 공제를 받게 되었다.

한편 1970년대 후반, 미국에서는 여러 분야에서 규제 완화가 진행되었고, 전력업계 역시 예외는 아니었다. 1978년에는 유명한 '파르파법(PURPA ; Public Utilities Regulation Policies Act. 공익사업 규제정책법)'이 제정되었으며, 이 법은 전력회사가 인증(認證)설비(Qualitying Facilities : QFs)를 갖춘 재생가능 에너지 발전소에 의해서 발전한 전력을 의무적으로 구입하도록 하는 법이었다.

여기서 말하는 '인정설비'란, 1차 에너지원의 75퍼센트 이상이 재생가능 에너지에 의한 것으로 출력 80MW 이하의 소규모 발전소 혹은 전력과 열 에너지를 동시에 생산하는 코제네레이션 설비(이 경우에는 에너지원이 재생 가능한가의 여부는 묻지 않는다)이다.

세금 우대와 더불어 파르파법이 소규모 발전소의 참여를 가능하게 한 계기가 된 것만은 사실이지만, 캘리포니아에서 풍력발전에 대한 투자가 붐을 일으킨 것은 세제만이 그 이유의 전부는 아니었다. 아칸소주와 오클라호마주, 올레곤주에서는 더 높은 세금 공제율을 적용하였음에도 불구하고 그 지역들에서는 풍력발전의 붐이 일어나지 않았다. 유독 캘리포니아에서만 성공한 것은, 그곳은 바람이 부는 지역이기 때문이다. 캘리포니아 모하베 사막(Mojave Desert)의 테하차피(Tehachapi) 고개 등은 세계에서 바람이 가장 잘 부는 지역이다.

이리하여 세계의 풍력 발전기 메이커가 캘리포니아에 모여들었다. 특히 덴마크로부터 캘리포니아로 수출의 붐이 일어나고, 캘리포니아 시장의 급속한 성장으로 많은 풍차 메이커가 급성장했다. 수출액은 1982년에는 3,000만 크로네였던 것이 1985년에는 21억 크로네에 이르렀다. 시장 점유율로 보아도, 덴마크제의 풍력 발전기는 1986년에 캘리포니아 풍력 발전기의 65 퍼센트를 차지하게 되었다. 중소기업이나 다름 없는 덴마크의 메이커가 토박이 미국 메이커와의 경쟁에서 거뜬히 승리한 것이다.

이렇게 경쟁에서 이긴 이유의 하나는, 리소 국립연구소의 항에서도 설명한 바와 같이 과학적인 세련도와는 거리가 먼 볼품 없는 디자인이기는 하지만 견고함이었다. 캘리포니아에서는 풍력 발전기에 대한 투자 붐이 일어난 다음 얼마 지나자 많은 풍력 발전기가 강풍에 견디지 못하고 파손되었다. 그런 와중에서도 덴마크의 풍차는 견고하여 파손율이 매우 적었다. 결코 과학적 지식에만 선도되지 않는, 공장 현장에서의 발상이 효과를 거둔 것이다.

(5) 덴마크의 국내시장

석유 파동의 경험에서 에너지 정책의 중요성을 인식한 덴마크 정부는 1979년에 에너지 정책을 담당하는 에너지부를 신설했고, 이 에너지부는 1981년에 '에너지 플랜 81'이라는, 에너지에 관한 장기 계획을 발표했다. 이 계획의 목표는 6만 대의 소규모 풍력 발전기를 설치하여 2000년에는 총전력의 8.5%를 풍력이 담당하게 한다는 것이었다.

또 1984년 5월에는 덴마크의 공공전력협회(DEF)와 풍력발전기 제조자협회(FDV:Foreningen af Dansk Vindmøllefabrikanter)간에 다음과 같은 사항에 대하여 '10년 합의'를 체결하였다.

첫째, 정부의 투자 지원이 계속되는 한, 풍력 발전기에서 일반 송전망에 접속하기 위한 비용의 35퍼센트를 전력회사가 부담한다. 두 번째, 풍력 발전기에 의해서 생산된 모든 잉여 전력은 일반 소비자가 지불하는 전력 요금의 85퍼센트의 값으로 전력회사가 매입한다는 것이었다.

이 합의는 덴마크 국내의 풍력 발전기 설치를 급진시켰다. 1984년에는 새로 설치된 풍력 발전기가 8MW에 지나지 않았으나 1985년에는 약 20MW, 1986년에는 약 30MW로 늘어났다.

풍력 발전기의 수요를 증가시킨다는 측면에서 중요한 의미를 갖는 사건이 1985년에 일어났다. 에너지부와 전력회사가 1986년부터 1990년 사이에 매년 20MW씩, 합계 100MW의 풍력 발전기를 신설하기로 합의한 것이다. 이 100MW는 세란섬의 엘크라프트가 45MW, 핀섬과 유틀란트 반도의 앨삼이 55MW를 분담하게 되었다. 이 합의의 배경에는 풍력 발전기 분야까지 자기들의 관리 아래 두고져하는 전력회사의 의도가 있었지만, 풍력 발전기의 수요 확대 측면에서는 풍력 발전기 메이커에게도 메리트가 있다는 판단이 깔려 있었다.

풍력 발전기 수요 촉진을 위한 이와 같은 요인이 있었던 것과는 반대로 다른 한 편에서는 억제하는 요인도 나왔다. 1985년 12월,

정부의 결정으로 풍차 소유자에게 제한이 가해진 것이 그것이다. 내용을 살펴 보면 첫째로, 풍차 소유자는 건립된 풍력 발전기로부터 반경 10 킬로미터 이내에 거주하거나 혹은 같은 시·구·동에 거주하지 않으면 안 되고, 풍력에 의한 발전량은 소유자의 연간 소비 전력의 35 퍼센트를 넘으면 안 된다는 것이었다.

이와 같은 소유자 규제는 '바람은 그 지역 주민의 것이다'라는 정책을 반영한 것이라며, 적극적으로 평가하는 사람도 있다. 즉, 도시에 거주하는 사람들이 풍력 발전기에 투자하여 돈은 벌면서 소음과 경관 등의 피해는 지역 주민이 고스란히 떠 맡는 피해를 미리 막겠다는 배려에서였다.

그러나 다른 한 편에서는, 이와 같은 제한은 풍력의 증가를 원하지 않는 전력회사의 로비활동 때문이었다는 부정적인 견해도 있다. 어찌 되었던 이 법이 제정되자 실제로 풍력 발전기의 판매 계약은 3분의 1이나 취소되었다고 한다.

표 3.8 덴마크의 풍력 발전기 판매액(100만 크로네)과 고용자 수

	1980	1981	1982	1983	1984	1985	1986	1987	1988	1989
합계	18	44	94	343	895	2275	1460	570	630	840
국내	18	44	64	43	95	175	160	170	420	400
수출			30	300	800	2100	1300	400	210	440
고용	50	70	200	500	1100	3300	2000	900	1200	1200

출처 : Karnoe [1991] p,.16. Table1 2.1.

캘리포니아의 세금 우대정책은 1986년에 끝났다. 이것은 덴마크의 풍력 발전기 산업에게는 매우 큰 타격이었다. 거기에다 프라자합의(1985년 9월 22일) 이후 달러화의 약세도 수출에는 불합리한 요인으로 작용하였기 때문에 수출이 급감했다. 또 그 배경에는 몇 년 전부터 풍력 발전기를 개발하기 시작한 일본의 미쓰비시 중공업이 1987년부터 운용을 시작한 하와이의 카마오와 윈드 팜에 37기를 납품하여 풍력 발전기 시장에 본격적으로 뛰어든 탓도 있었다. 미쓰비시 중공업과의 자금력 격차도 커서 수요면, 자금면에서 어려움에 처한 덴마크의 많은 풍력 발전기 메이커가 도산하였고, 국내에서의 투자 지원금도 점차 지원률이 낮아져 결국 1989년에는 폐지되었다.

(6) 풍차의 대형화

캘리포니아에 수출했던 풍력 발전기는 대부분이 출력 55~65kW의 소형기였다. 1983년경이 되어, 전술한 바와 같이 캘리포니아 시장에서 덴마크의 풍력 발전기가 승세를 타자 덴마크의 메이커 사이에도 심한 경쟁이 벌어졌다. 이제까지의 메이커에다 새로 참여하는 메이커까지 생겼고, 그와 같은 경쟁은 기술의 진보를 촉진시켰다. 이제까지 볼품 따위와는 상관없이 튼튼하기만 하면 되었던 덴마크의 풍력 발전기도 효율성을 추구하여 대형화의 길로 들어섰다. 또 아무리 넓은 캘리포니아 사막이지만 많은 풍차가 난립하게 되자 새로 풍차를 세울 장소가 점차 부족하게 되고, 그 결과 대형기의 수요가 늘어나게 되었다.

이와 같은 시대의 조류를 따라 예를 들어, 베스타스사의 경우 1984년에 75kW기, 1986년에 90kW기, 1987년에는 100kW를 개발했다. 풍력 발전기를 개발하기 시작했을 당시의 구입자는 농업기계 메이커 시대 때부터 거래했던 농민들이었다. 그리고 실제로 사용한 경험을 바탕으로 다양한 조언이 메이커에 피드백되었으므로 신뢰성이 높은 풍력 발전기를 만들 수 있었다.

그러나 주요 시장이 덴마크에서 멀리 떨어진 캘리포니아로 옮겨 가자, 사용 경험에서 제기되는 조언이나 의견은 메이커에 전달되기 어렵게 되었다. 때문에 이제까지의 보텀업적인 의사결정 시스템의 일부가 제기능을 발휘하지 못하게 되었다. 그 결과 1986년경이 되자 캘리포니아에 있는 덴마크제 풍력 발전기에는 여러 가지 트러블이 속출했다. 특히 블레이드와 기어에 많은 트러블이 발생하여, 덴마크 풍력 발전기의 신뢰성을 떨어뜨렸다.

한편, 덴마크 국내에서는 전력회사와의 100MW 합의로 전력회사로부터의 수요를 기대할 수 있게 되었다. 전력회사는 대출력 발전설비를 운영하는데 익숙한 편이므로 풍력 발전기도 대형을 요구했고, 출력도 300~500kW를 요구했다. 그리하여 베스타스사는 1988년에 전년보다 2배의 출력인 200kW를 실현했고, 2년 후에는 다시 2.5배인 500kW기를 완성시켰다.

이것은 덴마크의 풍력 발전기 산업에 있어서 하나의 전환점이 되었다. 이제까지 생산 현장의 경험과 안면 있는 수요자와의 의사 소통에 바탕했던 전통적인 개발 체제를 벗어나, 보다 근대적인 연구개발을 중시하는 체제로 변환하지 않을 수 없었다. 당연히 리소 국립연구소의 테스트 & 리서치 센터에도 새로운 기술정보 제공이 요구되게 되었다.

(7) 시장 확대와 대기업화

1990년대에 들어서자 세계 규모의 환경 중시 경향과, 아시아 여러 나라, 특히 인도, 중국 등의 발전에 따른 에너지 수요 증가 덕분에 데마크의 풍력 발전기 산업은 기반을 굳히게 되었다.

환경을 중시하는 시장으로서는 유럽, 특히 독일과 스페인이 큰 시장으로 등장했다. 여기에는 1986년에 발생한 체르노빌 원자력발전소의 사고가 큰 영향을 미쳤다.

한편, 신흥 경제 국가인 인도와 중국은 국토가 넓기 때문에 재래형의 전력망을 구성하기가 쉽지 않아, 각 지역별 에너지원으로서 풍력이 관심을 끌었다. 특히 인도 시장에는 일찍부터 덴마크 메이커가 생산 거점을 두고, 적극적으로 시장을 개척하기 시작하였다.

덴마크 국내에서는 1990년 4월에 에너지 정책의 새로운 기본 방침으로서 '에너지 2000(Energi 2000)'이 발표되어, 2005년까지 1500MW의 풍력 발전기 설치를 목표로 정했다. 또 전력회사는 새로운 '100MW 합의'에 조인하고, 더욱 적극적으로 풍력발전에 주력할 자세를 분명히 했다.

이 새로운 합의를 실현하기 위하여는 풍력 발전기의 대형화가 필수적이었다. 또 1992년에는 '풍력 발전기법'이 제정되었다. 이 법에는 풍력 발전기 설치에 따른 송전망 확충 비용은 전력회사가 부담하고, 송전망에 접속하는 비용은 풍력 발전기 소유자가 부담하며, 전력회사는 풍력발전으로 생산한 전력을 소매가격의 85퍼센트에 구입하여야 한다는 1984년의 '10년 합의'를 확실하게 법률로 제도화하였다.

이제까지는 풍력 발전기 가까이에 거주하지 않으면 풍력 발전기 소유자가 될 수 없었지만 이 완화조치로 공동으로 소유하는 경우 소유자의 2분지 1이 인근 지역 거주자이면 가능하게 되었다.

이처럼 국내 외의 시장이 성장함에 따라 메이커의 규모가 커지고 중소기업의 틀을 넘어섰다. 그리고 다른 한편에서는 기업간의 경쟁이 격화되어, 도태되는 기업이 생기고 기업의 수가 줄어들었다. 치열한 경쟁 때문에 코스트 다운을 서두르다가 많은 트러블이 발생하였고, 일시적으로 경영 위기에 빠지는 사례도 있었다.

또 기술적 측면에서도 전통적인 덴마크형으로는 대형화에 대응할 수 없게 되었다. 때문에 지연 기술과 생산 현장의 지혜를 기반으로 출발한 덴마크의 풍력 발전기 산업은 글로벌한 근대 기업으로서 크게 모습을 바꾸게 되었다.

3.3 풍력 발전기 산업과 서플라이어

한 때는 20사 이상이었던 덴마크의 풍력 발전기 메이커도 합병이나 퇴출 등으로 기업 수가 감소하기 시작하여, 현재는 '톱 10'에 들어 있는 3사만이 존재한다고 하여도 좋을 정도이다. 여기서는 그 3사와 블레이드 분야에서 1인자인 LM 글라스파이버사를 소개하기로 하겠다.

① 베스타스사

먼저 세계의 톱 메이커인 베스타스사는 1898년 당시 대장장이였던 H. S. 한센(H.S. Hansen)이 유틀란트 반도 서부의 작은 마을인 렘에 대장간을 연 것을 출발점으로 하고 있다. 1928년에 H. S. 한센과 그의 아들인 페더 한센(Peder Hansen)은 덴마크 철공산업(Dansk Staalvindue Industri)이라는 기업을 창업하고, 4년 후에

법인화 했다. 그 후 제2차 세계대전 중에 쇠가 부족할 때까지 성장을 지속했다.

1945년에 페더가 따로 독립하여 9명의 동료와 함께 서유틀란트 철공기술주식회사(VEstjysk STälteknik A/S)라는 새로운 회사를 자본금 75,000 크로네로 창업하였다. 그리고 회사명의 머리 글자를 따서 베스타스사(VESTAS)로 정했다. 제조했던 주요 제품은 가정용품이었다고 한다.

1950년에 들어와서는 가정용품 뿐만 아니라 중기, 유압 크레인, 냉각 시스템으로까지 사업을 확장하고, 핀란드와 독일, 벨기에로 수출을 시작하였다. 후에는 크레인 생산에 주력하여 순조로운 성장을 계속하였지만 1973년에 일어난 석유 파동을 계기로 대체 에너지를 검토하기 시작하였다.

1979년에 페더의 아들인 핀 메아크 한센(Finn Mørk Hansen)이 처음으로 풍차를 설계하여 풍력 발전기를 생산하기 시작했다. 앞에서 설명한 바와 같이, 베스타스사는 블레이드를 자사에서 생산하는 몇 안 되는 메이커 중의 하나인데, 이 블레이드를 생산하기 시

그림 3.8 베스타스사의 본사

작한 것은 1983년부터였다.

지난 날 블레이드 파손 사고를 일으킨 적이 있고, 그 경험에서 사내 생산을 결심했다 한다. 그리고 또 하나의 기술적 특징인 피치 제어에 의한 풍차의 생산은 1985년부터 시작했다. 후에 이 시스템은 '옵티팁(OptiTip)'으로 부르게 되었다.

1986년, 캘리포니아의 세금정책 변화로 풍력 에너지 시장이 붕괴되고, 베스타스사 역시 심각한 재정 손실에 직면하여 도산하고 말았다. 다음 해인 1987년에 새로운 회사인 Vestas Wind Systems A/S가 설립되어, 풍력 터빈 생산을 계속했다. 그리고 1989년에 베스타스사는 비보에 있는 풍력 에너지회사 Dansk Vind Teknologi A/S와 합병했다.

당초 풍력 발전기 메이커는 부품을 사내에서 생산하였으나 곧 서프라이어로부터 구입하는 체제로 전환했다. 기어와 발전기 이외의 서프라이어는 지역의 중소기업이었다. 서프라이어의 경쟁력도 사전에 있던 것이 아니라 경험을 통하여 서서히 축적되었다. 이와 같은 서프라이어의 높은 기술 수준이 덴마크 풍력 발전기의 국제 경쟁력을 높이는데 크게 공헌하고 있다.

② NEG 미콘사

이 회사는 1962년에 레어백 옌센(Rørbaek-Jensen)가에 의해서 설립된 노탱크(Nordtank)사를 출발점으로 한다. 원래는 탱크차용의 물, 오일의 탱크 메이커였다. 1979년에 풍력 발전기 개발에 착수하여, 1980년부터 생산을 시작했다. 1984년에는 탱크 제조에서 손을 떼고 1980년대 전반에는 주로 55 kW, 65 kW 기를 생산하였다.

1980년대의 수요 감퇴기에 해산하였으나 그 후 1987년에 재편하여 새 회사가 설립되었다.

1983년에 노탱크사의 기술자였던 페터 호이고 메로프(Peter Højgård Mørup)가 독립하여 미콘사(Micon)를 설립했다. 그 해에 55 kW의 풍력 발전기를 처음 생산하였고, 1984년에는 100 kW기를 생산했다. 또 1984~1986년에는 1400 기 이상을 캘리포니아에 건설하였고, 1986년말 단계에서는 세계 전체에 1430 기, 총 발전량 126 MW를 기록함으로써 1980년 중반의 수요 감퇴기에도 살아 남았다. 그러나 그 후에도 수요는 혼미를 거듭하여 1987~1992년 동안에는 7개국에 449 기를 설치하였을 뿐이었다(총 발전량 88 MW).

1993년부터 수요가 회복하여 802 기, 총발전량 377 MW를 판매하였고, 1983년부터 1997년 4월까지의 총판매 기수 2681기, 591 MW였다. 1993년 말에 창업자인 페터 호이고 메로프가 보유 주식을 매각하고 은퇴하였으며, 1997년에 노탱크사와 다시 합병하여 NEG 미콘사로 되었다(본사는 라나스(Randers)).

그림 3.9 미콘 본사의 공장

③ **보너스 에나기사**

이 회사는 원래 단라인사(Danregn A/S)라고 하는 관개 플랜트 메이커였다. 1980년에 처음 풍차 개발에 진출하여 로터 지름 10 미터, 타워 높이 18 미터, 출력 22 kW의 풍력 발전기를 개발하고, 이 풍차를 15기 생산하였다. 그 중의 몇 기는 로터를 조금 늘려서 출력을 높인 10.7 미터의 30 kW기였다.

다음 해인 1981년에 단라인 풍력(Danregn Vindkraft)을 설립하여 풍력 발전기 부문을 독립시키고, 로터 지름 15 미터인 55 kW기를 개발하였다. 또 1983년에는 회사 이름을 보나스 윈드 에너지(Bonus Wind Energy)로 변경하고, 이 무렵부터 캘리포니아로 수출을 시작하여 첫 해에 65 kW기 6기를 테하차피에 설치하였다. 그러나 캘리포니아가 세금 우대정책을 폐지한 후에는 미국에 대한 수출이 중단되었다.

다른 메이커와 마찬가지로, 대형화와 해상(海上)에도 적극적으로 참여했다. 특히 코펜하겐시 앞바다에 설치된 미즈르그로넨 오프쇼아 윈드 팜에는 동사의 2 MW기가 20기나 설치되었고, 2003년 여름에 완성한 로란섬 남단의 뉴스테드(Nysted) 오프쇼아 윈드 팜에는 동사의 2.2 MW기가 72기나 설치되었다.

④ **LM 글라스파이버사**

각종 풍차 부품 중에서 특히 블레이드는 풍차의 성능을 결정하는데 있어 가장 중요한 역할을 담당하고 있다. 풍력발전 산업의 초기에는 복수의 블레이드 메이커가 있었다.

글라스파이버의 기술을 가진 보트 메이커계의 메이커로서 LM

그림 3.10 LM 글라스파이버 본사 공장에서 출하를 기다리고 있는 블레이드

글라스파이버사와 MAT 에어포일사, 또 앞서 소개한 에케아 풍력 에너지사를 설립한 에리크 그로베 닐센은 '에로스타'라는 상품명으로 스스로 블레이드를 판매했고, 그 후에 베스타스사가 출자하는 알타나지사라고 하는 새로 설립된 블레이드 메이커의 컨설턴트에 취임하였다.

이 밖에 카이 요한센(Kaj Johansen)이라는 목수가 설립한 K. J. 파이버사라고 하는 블레이드 메이커도 있었다. 그러나 LM 글라스파이버사를 제외한 메이커는 알타나지사가 1985년경에, K. J. 파이버사는 1990년~1992년경에, MAT 에어포일사는 1988~1989년경에 각각 철수하였다.

현재 LM 글라스파이버사는 블레이드의 세계적인 첨단 기업으로 군림하고 있으며, 덴마크의 풍차 메이커인 베스타스사를 제외한 모든 메이커의 서프라이어로 활약하고 있다.

LM 글라스파이버사는 1940년에 가구를 만드는 목수인 로렌

첸(Lorentzen)이라는 사람이 루나스코우 무블러사(Lunderskov Møbller)라는 회사를 설립한 것이 그 출발점이었다. '루나스코우'라는 것은 회사 소재지의 지명이고, '무블러'라는 것은 가구점이라는 뜻이다. 즉, 루나스코우의 가구점이라는 이름인데, 이 머리 글자가 현재의 사명의 유래인 셈이다.

1941년에 같은 목수인 스코우보(Skouboe)씨가 사업에 참여하였으며 1948년에 덴마크를 관광차 방문한 영국사람이 차량에 끌고 가는 캐러반을 보고 그것과 같은 것을 생산하기 시작했다.

1953년에 캐러반, 어류 양식용 설비 등에 글라스파이버를 사용한 제품을 생산하기 시작했다. 루나스코우 주변에는 작은 하천이 많은 관계로 물고기(주로 송어) 양식장이 많았다. 양식용 못으로는 이전부터 나무로 만든 용기가 사용되었지만 물을 청결하게 유지하기 위해서는 글라스파이버가 보다 효과적이었다 한다. 이것이 뒤에 글라스파이버에 의한 블레이드 기술의 기초가 되었다.

1964년, 본사가 현재의 소재지로 이전했고, 1965년에 LM 글라스파이버사(LM Glasfiber)와 LM 캠핑사(LM Camping)로 분리하여 글라스파이버사는 스코우보가, 캠핑사는 로렌첸이 각각 경영을 맡게 되었다. LM 글라스파이버사는 1967년에 프레샤 보트 생산을 시작하여, 1972년에 'LM27'이라는 모델의 생산을 시작하고 1985년까지 1800척을 생산함으로써 프레샤 보트 메이커로 이름이 알려지게 되었다.

풍차용 블레이드를 생산하기 시작한 것은 1978년부터였다. 최초의 고객은 리세아였다고 한다. 1980년경에는 윈드마틱사로부터도 수주를 받아 최초로 큰 고객이 되었다.

1981년부터 자사의 설계에 의한 블레이드를 생산하기 시작했다. 설계자는 자사의 보트 설계자였던 벤트 아나센(Bent Andersen)과 스코보였다. 공기역학 이론에 대하여서는 리소 국립연구소의 트로루스 프리스 페터센(Troels Friis Petersen)과 프레밍 라스무센(Fremming Rasmussen)의 지도를 받았다.

이와 같은 경쟁과정을 통하여 LM 글라스파이버사만이 살아남을 수 있었던 요인으로서는 다음과 같은 점을 들 수 있다.

첫째는 기술이었다. 특히 글라스파이버 기술이 탁월했던 스코보의 역할이 컸다. 두 번째로는, 다각화하고 리스크를 분산시킬 수 있었던 점이다. 끝으로 오랜 경험을 가진 우수한 인재가 많았던 것도 생존에 큰 기여를 했다.

현재 LM 글라스파이버사의 종업원은 2000명을 넘고 해외(인도, 스페인)에서도 라이센스 생산을 하고 있다.

⑤ 그 밖의 부품 메이커

유틀란트 반도 내의 주요 부품 서프라이어에는 이 밖에 다음과 같은 기업들이 있다.

제어반, 통신 시스템 메이커로는 미타 테크니카사(Mita Teknik A/S), KK 일렉트로닉스사(KK Electronics A/S), 그리고 메카니칼 브레이크에는 스벤보 브레이크사(Svendborg Brakes A/S)가 있다. 이 밖에도 서비스회사, 정비회사, 장치용 크레인 메이커, 풍력 발전기 수송회사, 컨설턴트회사 등 많은 기업이 있다.

3.4 덴마크의 풍력발전 기술혁신 능력

앞에서 여러 차례 설명한 바와 같이, 오늘날 전세계 풍력 발전기 중에서 약 절반은 덴마크제가 차지하고 있다. 날이 갈수록 환경문제에 많은 관심이 쏠리게 되자 어느 나라를 막론하고 풍력 에너지에 힘을 기울이는 경향이 뚜렷하다. 농업국으로만 생각되었던 덴마크가 이처럼 풍력 발전기 경쟁에서 두각을 나타내게 된 것은, 방앗간용 풍차로 출발한 지연기술과 문화가 큰 역할을 했다. 이 전통은 농업지역이었던 유틀란트 반도의 농기구 철공소와 대장간과도 이어져 있다.

또 기술자간의 네트워크라는 점에서도 전통이 중요한 역할을 하고 있다는 것을 알게 되었다. 지난 날, 제분용 풍차가 사용되었을 때 풍차간은 마을의 정보를 교환하는 장소였다고 한다. 원래 사회계층간의 차이가 거의 없는 덴마크에서는 기술자간의 정보 교환 뿐만 아니라 설계자, 기술자, 직공들 관계도 계층적이 아니었으므로 그들 간의 정보 교환이 자연 에너지를 이용하는데 있어서 유익하였다고 할 수 있다. 그리고 농업기술을 중심으로 한 철공소 혹은 대장간 간의 네트워크는 풍력 발전기의 부품 공급 네트워크로도 이어졌다. 즉, 기어나 발전기를 제외하고는 대부분의 부품이 지역 내의 서프라이어로부터 공급되었다.

기술자 간 정보 교환에서 중요한 역할을 한 것은 정부가 설립한 연구기관인 리소 국립연구소의 테스트 & 리서치센터였다. 이 센터에서는 메이커의 담장을 넘어 기술자간의 의견 교환이 활발했다 한다. 테스트 & 리서치센터는 풍력 발전기 설치자의 지원금 획득을 위한 인증기관이기도 했다. 산업에 대한 정부 지원은 이 지원금 제도 뿐이었고, 적어도 산업화가 진전한 전후에는 메이커에 대한 지원금 등의 산업 정책적인 지원은 하지 않았다.

이와 같은 사회 구조의 기반을 만든 것은 교육제도였다. 지리적으로 독일과 가까운 덴마크에서는 독일적인 스승과 도제 제도가 과거에는 있었다고 하지만, 오늘날에는 우리의 초·중학교에 상당하는 국민학교를 졸업한 후의 직업교육이 그것을 대신하고 있다. 덴마크의 직업교육은 상업학교와 기술학교로 나누어지며, 후자의 경우 수학기간 3년 동안의 3분의 2는 현장 실습, 나머지 3분의 1은 학교에서 학습함으로써 젊은 노동력의 공급원이 되고 있다.

이상과 같이, 덴마크의 풍력 발전기 산업의 발전과정을 살펴 보면 모든 것이 도약적인 혁신에서 비롯된 것이 아니라, 전통적인 지혜와 지식에서 출발한 점진적인 진보가 세계적 수준의 경쟁력을 길러준 측면도 있음을 보여 주고 있다. 투명한 사회구조, 생산 현장과 설계의 밀접한 의사 소통, 지역 내에서의 부품 공급을 가능하게 하는 산업 집적 등, 우리는 덴마크의 중소기업에서 배워야할 교훈이 많다.

Chapter 4

독일의 풍력발전 기술

독일은 지난 몇 년 사이 풍력발전 도입에 크게 노력한 결과 일거에 세계 제일의 풍력발전 능력을 가지게 되었다. 또 풍력발전기 역시 착실하게 점유율을 높여가고 있다.

2002년 말 시점에서 독일의 풍력발전 능력은 11968MW로, 2위인 스페인(5043MW)을 배 이상의 압도적인 차이로 추월하고 있다. 아무튼 2002년은 독일에게 있어서 기록적인 한 해였다. 1년 사이에 새로 설치된 풍력발전기는 정격 출력으로 측정하여 3247MW나 되었다[1]. 이 한 해 동안 전세계에 설치된 풍력발전기의 44.9%는 독일에 건설되었으므로, 독일의 풍력발전이 얼마나 급성장하고

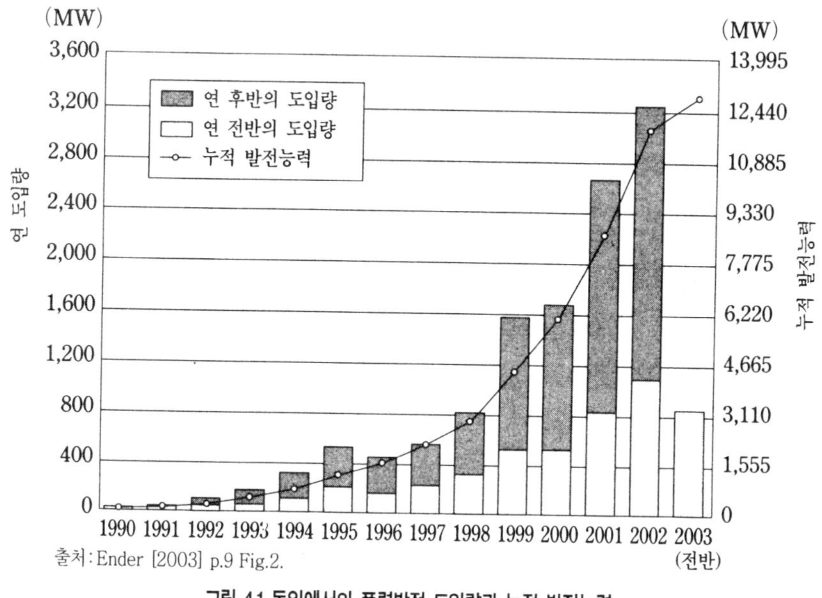

출처: Ender [2003] p.9 Fig.2.

그림 4.1 독일에서의 풍력발전 도입량과 누적 발전능력

1) 모든 통계는 BTM[2003]에 의함. 독일 풍력발전연구소(DEWI: Deutsches Windenergi Institute)의 최신 데이터에 의하면 2003년 6월말 현재 누적 발전 능력은 12828MW로 되어 있다.

있는가는 짐작할 수 있다.

지역적으로는 북부의 니더작센(Niedersachsen)주와 유틀란트 반도 부근 덴마크와 국경을 접하는 슈레스비히 홀슈타인(Schleswig-Holstein)주에 많은 풍력발전기가 설치되어 있으며, 슈래스비히 홀슈타인주의 경우처럼 소비전력의 26.24%를 풍력에 의존하는 곳도 있다.

풍력발전기 산업, 풍력발전기 메이커 역시 급성장하고 있다. 이전부터 독일의 풍력발전기 메이커인 에네르콘사와 탓케 윈드테크닉사는 세계시장 점유율에서 상위에 올라 있었다. 1994년의 누적 발전능력에서는 에네르콘사가 7위, 탓케 윈드테크닉사가 8위였다. 그러나 1994년에 새로 설치된 발전기의 능력으로 계산하면 에네르콘사가 3위, 탓케 윈드테크닉사는 4위에 위치하게 된다. 이것이 2002년에 이르면 에네르콘사는 신규 투자분에서는 2위, 누적으로 계산하여도 3위로 뛰어올라 글자 그대로 세계의 톱메이커 중의 하나로 자리잡았다. 하지만 독일의 풍력발전기 산업은 덴마크 보다 뒤쳐졌던 것만은 사실이다.

풍력발전기 산업이 출발점에서 그처럼 뒤쳐졌던 배경에는 여러가지 요인이 있었다. 이 장에서는 독일의 풍력발전 기술 변천을 전망하여 보기로 하겠다.

4.1 제2차 세계대전 이전

(1) 베츠에 의한 풍차공학

독일의 풍력발전 기술 개발에서 중요한 특징은 과학적, 논리적인 개발 지향성이다. 풍력 에너지에 관한 이론적인 기초를 구축한 연구 중에서도 특히 중요한 것이 게팅겐(Göttingen) 대학의 공기역학 연구소 교수였던 알베르트 베츠(Albert Betz, 1885~1968)에 의한 연구였다.

게팅겐 대학의 공기역학 연구소는 원래 비행선을 연구 개발하기 위해 1907년에 설립된 기관인데, 공기역학에 관한 이론 연구의 메카였다. 그러나 비행선이 한물 가고 비행기로 대체되자, 비행기 개발에 관여하게 되었다. 근대 풍차의 블레이드는 양력을 이용하여 회전한다. 그러므로 비행기의 공기역학과 풍차는 깊은 관련이 있다.

베츠는 1920년에 발표한 논문에서, 풍차에 의해서 바람이 가진 에너지를 어느 만큼 이용할 수 있는가를 밝혔다. 풍차를 이용하여 바람의 에너지를 기계적인 동력으로 변환하는 공기역학적 효율을 '파워계수' 라고 한다. 베츠는 이 파워계수가 최대로 16/27, 즉 약 59.3%가 된다는 것을 밝혀냈다. 이 비율을 '베츠의 한계'라고 한다. 베츠의 한계로 파워계수의 상한이 밝혀지고, 이 상한을 목표로 많은 연구와 기술적 노력이 시도되었다. 오늘날, 가장 보편적으로 볼 수 있는 날개 3장의 발전용 풍차의 파워계수는 40% 전후이고, 전통적인 네덜란드형 풍차는 고작 15%의 파워계수 밖에 얻지 못한다.

(2) 혼네프의 거대 풍차계획

제2차 세계대전 이전의 독일에는 상상을 초월하는 거대 풍차계획이 있었다. 카리스마적 엔지니어로 알려졌던 헤르만 혼네프(Hermann Honnef)에 의한 몇 가지 계획이 그러하였다. 아래 사진을 보아도 알 수 있듯이, 현대 풍차에 낯익은 우리들로서는 생각할 수 없을 정도의, 마치 공상과학 세계의 조형물 같은 느낌을 주는 계획이었다. 그러나 이 사진의 것은 결코 공상화로 그려진 것이 아니라 실제 건설을 목표로 세워진 계획이었다.

이와 같은 거대 풍차를 계획한 혼네프는 1878년에 태어난 철탑 건설의 기술자로, 무선탑 건설에서는 제1인자로 알려져 있었다. 독

그림 4.2 혼네프의 「Wind Kraft Werke(풍력발전소)」의 표지

일의 스승·사제 제도(마이스다 제도)에 따라 15세 때부터 건설회사에서 사제수업을 시작했고, 1907년에 독립하여서는 스스로의 건설회사를 운영하였다. 1923년경부터 무선통신용 철탑 건설에 종사하면서 높은 탑 건설에 관한 경험을 쌓는 동시에 높은 건축물을 위한 기상 데이터도 수집하기 시작하였다. 그것이 풍력발전에 관심을 가지게 된 계기가 되어, 혼네프는 1930년경부터 본격적으로 풍력발전 연구를 시작하였다.

혼네프의 아이디어가 공인을 받은 것은 1932년이었다. 나치정부의 고관들 앞에서 강연도 하고, 동시에 「*Windkraftwerke*(풍력발전소)」라는 책도 발간하였다. 그가 발표한 풍력발전기 계획은 높이가 무려 430미터, 로터 지름은 160미터, 출력은 60MW라는 엄청난 크기였다.

그가 이와 같은 거대 풍차를 계획한 것은, 독일을 연료 수입으로부터 해방시키기 위해서였다. 그의 상세한 계획에 의하면, 풍력에 의한 발전은 다른 발전 수단에 충분히 대항할 수 있을 만큼의 경제성을 가진 것이었다. 즉, 보통 발전방법에 비하여 3분의 1 정도의 싼 값으로 발전할 수 있다고 그는 생각하였다.

혼네프가 구상한 풍력발전기의 특징은 앞에서도 언급한 바와 같이 무엇보다도 그 거대함에 있었다. 그는 풍력발전기의 높이를 250미터 이상, 그리고 로터 지름은 60미터 이상을 권장하고 있다. 이 밖에 하나의 탑에 복수의 풍차를 설치하는 점도 큰 특징이다.

상세한 기술적 특징을 든다면, '이중 반전방식(反轉方式)'이라는 발전기 구성을 들 수 있다. 이것은 풍차가 저속으로 회전하여도 효율적으로 교류발전을 하기 위해 발전기의 전기자와 계자(界磁)를

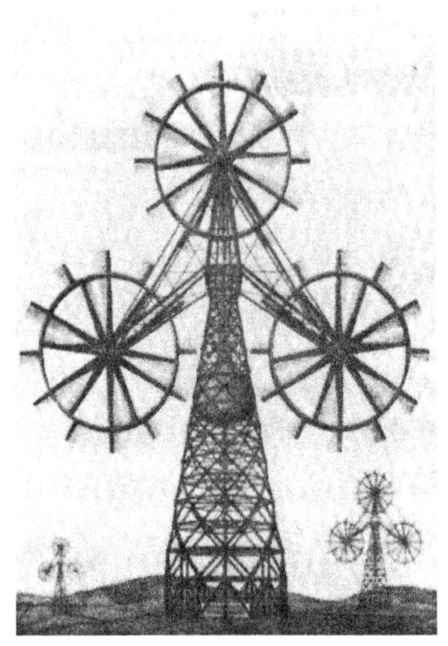

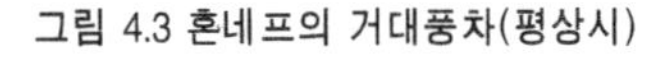
그림 4.3 혼네프의 거대풍차(평상시)

그림 4.4 강풍 때의 혼네프의 풍차

각각 별도 차축에 부착하여 반대 방향으로 회전시킴으로써 실질적으로 고회전으로 발전을 실현시키는 구조이다.

또 하나는, 그림 4.3과 그림 4.4를 비교하여 보면 알 수 있듯이, 강풍 때에는 풍차를 경사지게 수평으로 하여 바람을 피하도록 하는 구도인데, 100톤 이상이나 되는 풍차를 모터의 힘으로 기울게 한다는 아이디어였다.

혼네프의 구상은 나치의 지원을 받아 1937년에 '4개년 계획'에 포함되고, 폴크스바겐과 스포츠카 설계로 유명한 페르디난드 포르쉐(Ferdinand Porsche) 등이 개발에 참가하게 되었다. 그리고 1940년대 초에 로터 지름 8미터 및 10미터의 시험기가 건설되었다. 이것은 그의 기술적 특징이었던 이중 반전방식을 채용한 것이었다. 그러나 결국 일련의 테스트에서 기대했던 만큼의 성과를 거두지 못한채로 개발이 중지되었으므로 거대 풍차의 구상은 한낱 꿈으로 사라지고 말았다.

전쟁이 끝난 후에도 혼네프는 그의 거대 풍차 계획을 실현하고자 노력을 계속하였다. 그러나 1946년에 독일 최대의 전력회사인 라인웨스트페리체스전력(RWE : Rheinisch-Westfälisches-Elektrizitätswek)의 엔지니어인 오스카 레벨(Oskar Löbel)이 혼네프의 제안을 상세하게 검토한 다음, 모순되는 점과 계산의 과오를 밝혀냄으로써 혼네프와의 사이에 격렬한 논쟁이 전개되었다.

혼네프의 계획에 참가한 사람이 당시 30대인 오스트리아 출신의 윌리히 휴터였다. 휴터는 1910년에 체코의 필젠(Plzen)에서 태어났다. 당시 체코는 오스트리아 제국의 일부였고, 체코슬로바키아로 독립한 것은 제1차 세계대전이 끝날 무렵, 독일과 오스트리아의 패색이 짙어진 뒤였다.

휴터는 빈과 슈트트가르트의 공과대학에서 항공공학을 배웠다. 학생 시절부터 휴터는 능력이 뛰어났고 동시에 야심에 찬 천재적 엔지니어, 아티스트로 알려져 있었다고 한다. 휴터는 1930년대가 끝날 무렵부터 와이마르에 소재했던 국유의 풍력발전기 회사인 벤티모터사(Ventimotor)의 수석 엔지니어로서 새로운 윈드터빈 개발과 테스트에 종사하였다. 그리고 벤티모터사에서 이론을 연구하고 실험을 거듭한 결과를 정리하여 1942년에 빈 공과대학에 학위 논문을 제출했었다.

논문 제목은 「코스트적으로 가장 효율적인 풍력발전기 사이즈와 컨셉트의 결정(Beitrag zur Schaffung von Gestaltungsgrundlagen für Windkraftwerke)」이라는 것이었다. 보다 능률적인 풍력발전기를 만들기 위해서는 효율성을 높이는 것과 경량화하는 것이 가장 중요하다고 하는 것이 이 논문의 결론이었다. 그는 학생 시절에 공기 역학적으로 우수한 글라이더를 설계한 것으로도 알려져 있었는데, 이 이상적(理想的)인 풍력발전기의 개념도 글라이더 설계의 경험을 반영한 것이었다.

4.2 제2차 세계대전 이후

(1) 1940년대

휴터는 전술한 베츠가 근무했던 게팅겐 대학의 공기역학 연구소에서 연구한 경험도 있으므로 풍력발전기를 설계할 때의 기본적인 원점을 과학적 연구에 두고 있었다. 앞에서도 설명한 바와 같이, 설계의 목표는 높은 효율성이고, 그 효율성을 위해서는 가벼운 것을 목표로 하였다. 이러한 구상에서 설계되는 풍력발전기는 블레이드 수가 적고, 폭도 좁아 에어로 다이나믹한 형상이었다. 그리고 경량구조의 블레이드를 고속으로 회전시킨다는 구상이었다.

휴터는 전후, 독일 남부에 위치하는 바이에른주 남서부의 스와비아(Swabia) 통상 당국과 스와비아전력(EVS)에 의해서 1949년에 설립된 「풍력 연구그룹(Studiengesselschaft Windkraft)의 지원을 받아 이와 같은 구상에 바탕한 소형의 세련된 경량구조 풍차를 설계하기 시작하였다. 이와 같은 휴터의 설계사상을 상징하는 것이 싱글 블레이드 풍차였으며, 이 풍차는 휴터의 개성을 상징하듯, 재래형과는 전혀 다른 발상에 바탕한 풍차였다.

일반 풍차는 항력(drag)과 양력(lift)으로 풍차를 회전시키고, 그 회전운동에 의해서 발전 터빈을 돌리는 구조로 되어 있다. 그러나 휴터의 이 싱글 블레이드 풍차는 '날개의 회전으로 그 속의 공기가 원심력의 작용으로 밖으로 밀려나는 힘을 이용' 하여 터빈을 회전시키는 구조였다. 하지만 이 독특한 터빈도 기술적, 자금적인 문제 때문에 완성되지 못하였다.

휴터는 제2차 세계대전 직후에 직류의 7 kW 소형 풍차를 설계하기도 하고, 1952년에는 교류 발전으로 송전망에 접속 가능한 소형 풍차 터빈을 개발하는 등, 소형 풍차를 중심으로 활동을 계속하였다. 풍력발전기는 알가이어사(Allgaier)라는 기계 메이커에 의해서 25기가 생산되었지만 유지비가 비싸 상업적으로는 성공을 거두지 못하였다.

(2) W34

그 후, 휴터는 정부와 전력회사의 지원을 받아 1950년대의 가장 중요한 개발인 'W34'라는 풍차 터빈 개발에 착수하였다. W34는 세련된 과학적인 풍차 설계를 지향한 휴터의 진면목을 보여 주는 매우 혁신적인 풍력발전기였다.

기본 시방은 휴터가 제창했던 바와 같이 공기역학적인 효율성을 높여, 고속 회전으로 발전한다는 것이었다. 이를 위해 블레이드는 2장으로 유리강화 복합재료(Glass Reinforced Composite)로 만들

출처 : Heymann [1996] Abb. 4

그림 4.5 W 34의 모습

었으며 매우 가벼웠다. 로터 지름은 34미터이고, 로터 정면이 풍하로 향하는 다운 윈드였다. 또 제어는 피치각의 변화로 조종되고, 로터의 방향은 동력에 의해서 움직이는 액티브 요를 갖추고 있었다.

특히 주목할 점은, 허브가 '티터링 허브(흔들이 축)'라고 하는 장치를 채용하고 있는 것이다. 이것은 바람의 급격한 변화에 유연하게 대응함으로써 풍차의 파손을 방지하려는 것이었다. 발전기는 출력 100kW의 교류 발전으로, 일반 전력망에 접속하였다.

W34는 1957년에 슈테텐(Stutten)의 시험장에서 테스트가 시작되었다. 그러나 불과 3주일 후에 폭풍우 때문에 샤프트와 블레이드가 파괴되었다. 그리고 그것을 이유로 풍력의 가능성에 관심을 잃은 전력회사가 지원을 끊었기 때문에 1959년 5월까지 수리와 운전 재개에 이르지 못하였다. 그 후에 테스트는 재개되었지만 결국 1968년 8월에 철거되기까지 4200 시간에 걸친 실험에만 사용되었을 뿐이었다.

이와 같은 일련의 풍력발전기 개발에 대하여 1956년에 EVS의 엔지니어였던 롤랜드 클라우스니쩌(Roland Clausnizer)는 풍력발전에 관한 최종적인 결론을 전력회사에 제출하였다. 그는 이 레포트에서 독일에서의 풍력발전 가능성을 전혀 인정하지 않았다. 거의 같은 시기에 덴마크에서 유루가 테스트하였던 겟사 풍차에 비하면 그 성과가 충분하지 못하였음을 알 수 있다.

(3) 그로비안(Growian)

이와 같은 실패에도 불구하고, 휴터의 과학적이고 또한 기술적으로 세련된 풍차 시방은 높은 평가를 받았다. 1970년대에 들어와 석유파동 이후 미국에서 비롯된 메가와트급의 대형 풍력발전기 개발 프로젝트에서도 휴터의 설계사상은 중시되어 NASA로부터 상담도 받게 되었다.

독일의 정계와 산업계는 재생 에너지에 회의적이었지만 1974년에 들어서자 연구기술부(BMFT:Bundesministerium für Forschung und Technologie)가 풍력 에너지의 연구 지원을 결정하였다. 이 연구 프로그램은 그 무렵 시투트가르트 대학의 교수로 재임하고 있던

그림 4.6 그로비안

출처 : Divone [1998] p.125. Fig 3-35에서 전재

휴터가 지도하게 되었다. 그러한 연유도 있어, 독일 역시 미국과 마찬가지로 대형 풍력터빈 개발을 지향하게 되었다.

휴터는 앞서 실패한 W34의 대형화를 구상하고, 우선 로터 지름 80미터, 출력 1MW의 대형기를 제안하였다. 또 로터 지름 160~200미터, 출력 10MW의 대형기 구상도 있었다. 이 대형 풍차를 건설함에 있어서 BMFT는 모든 전력회사에 협력을 의뢰하였다. 그러나 어느 전력회사도 그 요청에 응하지 않았다. 전력회사는 풍력에너지에 대하여 기술적으로나 경제적으로 매우 회의적이었기 때문이다.

1978년, 거듭된 요청에 대하여 함부르크전력(HEW : Hamburgische Electrictäts Werke)이 마지못해 응하였다. 그들도 결코 대형 풍차의 가치를 인정해서 참여한 것이 아니라, 여러 가지 정치적 배려에서 판단한 것이었다. 따라서 HEW와 그에 협력한 슈레스비 홀슈타인의 전력회사 슈레스바그(Schleswag) 및 라인 웨스트페리세스전력(RWE)이 부담한 것은 개발자금의 불과 5%에 지나지 않았다.

1979년, 독일의 주요 전력회사는 연구기술부의 자금 지원과 휴터의 기술지도, 그리고 기계회사인 MAN사(Maschinenfabrik Augusbrug-Nürnberg)의 협력을 얻어 세계 최대의 풍력발전 터빈 건설을 시작하였다. 이 풍력발전기는 '거대 풍력 에너지'를 의미하는 '그로비안(Growian: Grosse windenergie anlage)'으로 불리웠다. 그로비안은 타워의 높이가 100미터, 로터 지름도 100미터, 출력은 3MW에 이르는, 당시로서는 유례를 볼 수 없는 크기였다.

뮌헨에 소재하는 독일 박물관의 학예원이며, 독일의 풍력발전에 관하여 몇 권의 저작물도 가지고 있는 마티어스 하이만에 의하면, 이 크기는 기술적인 이유에서 결정된 것이 아니고, 선전을 위해 세계 제일을 겨냥한 정치적 요인에서 결정되었다고 한다. 그러한 이유의 신빙성을 엿보게 할 수 있는 것은, 당시 타워 정상까지 도달하는 크레인이 없기 때문에 MAN사가 타워를 20미터 낮추어 80미터로 하자고 제안하였지만 연구기술부(BMFT)가 그 제안을 거부한 관계로 건설비가 훨씬 많이 들었다는 에피소드가 있다.

그로비안은 1983년에 완성되었다. 그러나 완성 후 4년 동안 불과 420시간 밖에 운전하지 못하고 1988년에 해체되고 말았다. 원인은 금속피로, 베어링과 기어의 결함, 그리고 블레이드에 붙은 서리였다. 건설 과정에서도 설계 변경이 이어졌고, 건설비는 예정의 2배인 9000만 마르크로 상승하였다. 그리고 기간도 2배나 길어지는 등, 완성 전에 이미 많은 문제를 안고 있었다.

그로비안을 계승하는 의욕적인 설계가 항공기 메이커로 알려져 있는 메사슈미트 뵐코우 블롬사(MBB : Messerschmidtt-Bölkow-Blohm)에 의해서 제안된 '그로비안 II'라고 하는 풍차이다. 이 풍차의 설계는 매우 진보적인 것으로, 날개가 한 장이지만 10MW의 대출력을 겨냥하고 있었다. 그러나 이 구상을 구체화하는 단계에서는 훨씬 소형화되어, 가장 큰 것도 640kW가 고작이었다.

이 풍차는 날개가 한 장인 관계로 '모노프테로스(Monopteros)'로 이름 지어졌다. 몇 기가 생산되어 테스트가 계속되었지만 채산성이 없다는 사실이 밝혀져 메사슈미트 뵐코우 블롬사는 1990년대

표 4.1 MAN사의 에어로망의 시방

로터 지름	12.5 미터
정격 출력	40 kW
바람에 대한 방향	업 윈드
블레이드 수	2
블레이드의 소재	폴리에스테르/글라스 파이버
피치각	가변
브레이크	기계식
오버 스피드	에어로 다이나믹스
기어 박스	슈풀(3속)
발전기	유도 발전기
회전 속도	1800 rpm
전압	460 볼트
요	액티브 요
타워	쉘 형

출처 : Leynette and Gipe[1998]. p. 162. Table 4-4.

초반에 생산 중지를 결정하였다. 그 이유는 한 장짜리 날개의 구조상 유지 관리가 매우 어려웠기 때문이었다.

휴터는 포이트사(Voith)라는 기계 메이커의 270kW기도 설계하였다. 이것도 휴터의 설계사상, 즉 경량의 블레이드를 고속 회전시킨다는 시방에 바탕한 것이었다. 그러나 실제로 만들어 놓고 보니, 블레이드의 회전이 불안정하였고, 안정시키기 위해서는 블레이드를 짧게 하지 않을 수 없었다. 그러나 이와 같은 개조는 전체의 균형을 손상시켜 휴터가 지향한 높은 효율성이라는 목표를 달성할 수 없었다.

위에서와 같이 독일에서 메가와트급의 대형기와 200kW에서 400kW 정도까지의 중형기 개발은 연구기술부(BMFT), 즉 독일 정부의 재정 지원에 의해서 추진되어 왔다. 미국의 풍력발전 연구자인 가이프에 의하면, 1974년부터 1992년까지 독일 정부가 풍력발전 연구개발에 사용한 금액은 1억7800만 달러에 이르렀다고 한다. 또 1977년부터 1991년 사이, 19개 민간 기업 및 연구기관의 연구 프로젝트 46건이 정부의 지원을 받았다고 한다.

이처럼 독일에서는 정부 주도로 대형 풍력발전기 개발을 추진하여 기술적으로는 첨단기술을 탄생시켰지만 그것이 바로 상업적인 성공으로는 이어지지 못하였다. 또 풍력발전 보급에도 성공하지 못하였다.

4.3 1990년대 이후

그림 4.1을 보아서도 알 수 있듯이, 1990년 당시 독일의 풍력발

전 능력은 매우 보잘것 없는 상태였다. 그러했던 것이 10년 후인 2000년에는 6000 MW를 넘을 정도로 급증하였다. 2000년 이후에도 빠른 속도의 풍력발전기 설치경향은 변하지 않았으며 2002년에는 1년간에 3247 MW를 새로 설치하였다. 그 결과 2002년말 현재 풍력에 의한 발전능력은 무려 12000 MW 정도에 이르고 있다. 이처럼 급증한 배경에는 재생가능 에너지에 관한 정책의 변화가 있었다.

독일은 1990년에 들어오자 풍력 에너지에 관한 정책의 폭을 크게 넓혔다. 1990년 이전에는 오로지 기술개발, 연구개발 만을 지원하였으나 1986년에 체르노빌에서 원자력발전소의 사고가 발생한 후에 에너지 정책이 크게 방향을 바꾸기 시작하였다. 풍력 에너지의 시장 확장과 연구개발 양면을, 즉 수요와 공급 쌍방을 지원하는 정책으로 전환하였고, 그 결과가 폭발적이라고도 할 수 있을 정도의 급증으로 이어지게 되었다. 이와 같은 급증을 실현하기 위한 시장 확장 정책으로서, 투자 지원금과 고정 가격에 의한 전력 구입, 그리고 저리의 융자가 있었다.

(1) 100/200 MW 계획과 투자 지원금

독일에서는 1989년에 풍력발전의 공급능력을 100 MW로 설정한바 있었다. 이 목표가 1991년에는 250 MW로 상향 수정되고, 그 목표를 달성하기 위해 풍력발전소 신설 프로젝트에는 출력 1kW당 200 마르크의 지원금을 지급하였다(최고 10만 마르크까지였다). 그 결과 풍차에 대한 투자 코스트는 최대 10% 정도의 보조금을 획득하였다고 한다.

(2) 고정 가격에 의한 전력 매입

1991년에 「전력 공급법(EFL : Electricity Feed Law)」이 제정됨으로써 전력회사는 재생 가능한 자원에 의해서 발전한 전력을 의무적으로 매입하여야 하였다. 매입 가격은 소비자 가격에 대하여 재생가능 에너지의 종류에 따라 정해진 65% 내지 90%의 일정 율을 곱한 금액으로 책정하였다. 풍력발전으로 생산한 전기의 매입 가격은 소비자 가격의 90%로 정해졌다. 예를 들면, 1996년의 경우 1kWh당 0.1721 독일 마르크였다. 이것은 덴마크의 매입 가격보다 약 10% 높은 가격이었다고 한다.

이와 같은 고가의 전력매입 의무가 풍력발전이 활발한 지역의 전력회사에 부과되는 것은 불공평하다는 여론도 있어서, 2000년 4월에는 「재생 가능 에너지법(EEG : Erneuerbare Energien Gesetzes)」이 다시 제정되었다. 이 새로운 법률에 의해서, 재생 가능 에너지에 의한 발전 전력을 의무적으로 매입하는데 따른 부담을 모든 전력회사가 균등하게 부담하고, 매입 가격도 고정하게 되었다.

(3) 저리의 융자

환경보호 지역에 풍력발전을 설치할 때에는 연방 금융기관인 독일균등화은행(Deutsche Ausgleichsbank)과 유럽부흥기금(ERP : European Recovery Programme)에 의해서 시장 금리보다 1~2% 낮은 금리로 융자를 받을 수 있게 되었다. 이 자금으로 투자액의 75%를 감당하고, 지역 은행으로부터의 융자로 12~15%, 그리고 보조금으로 5%를 충당하면, 자기 자금은 극히 소액으로도 풍력발전기에 투자할 수 있었다.

4.4 현재 독일의 풍력발전기 산업

독일에서는 국내 시장이 급성장함에 따라 국내의 풍력발전기 산업도 활기를 띄게 되었다. 출력으로 계산하였을 때 2000년도의 전세계 메이커별 신설 풍력발전기 시장 점유율 베스트 10에는 에네르콘사, 노르딕스사, 리파워시스템사 등 3사가 들어갔고, 또 13위에 데 윈드사, 15위에 푸아렌더사(Fuhrländer)가 들어있다. 이들 5개사를 합계하면 2002년에 신설된 풍력발전기의 30.5%가 독일제이다. 참고로, 여기서 독일 각 회사의 개요를 좀더 살펴 보기로 하겠다.

(1) 에네르콘사

에네르콘사는 1984년에 알로이스 보벤(Aloys Wobben)이 풍력발전기 메이커로 창업한 것을 출발점으로 하고 있다. 다음 1985년에 최초의 풍력발전기 E-15/16을 개발하여 판매를 시작하였다. 출력은 55 kW였다. 그 후 80 kW기(E-17), 300 kW기(E-32)로 매년 개발을 계속하였다.

에네르콘사의 풍력 발전기라고 하면, 증속 기어를 가지지 않은 기어레스로 알려져 있다. 세계 최초의 기어레스기는 출력 500 kW의 E-40으로 1993년부터 판매를 시작하였다. 같은 1993년에 로터 블레이드의 사내 생산공장을 설치하고, 다음 1994년에는 발전기 양산설비, 그리고 1999년에는 스웨덴에 타워 생산회사를 설립하는 등, 주요 부품의 사내 생산체제를 갖추었다.

대형화에도 적극적으로 임하여, 2001년부터 4.5MW기(E-112) 개발을 시작하고, 2002년 및 2003년에 그 시험기를 건설하였다. 2MW의 E-66/20.70이라는 대형기도 양산하고 있다. 기술적 특징으로는 기어레스 외에 가변속, 다극 동기발전기, 피치제어 등, 최근의 흐름에 따른 최신 기술을 채용하고 있다. 인도와 브라질, 터키에도 생산 거점을 마련하여 세계적인 판매 네트워크를 가지고 있다.

2003년 12월 1일 현재, 지금까지 건립한 주요 풍력발전기는 230kW의 E-30을 473기, 600kW의 E-40을 3601기, 1MW의 E-58을 166기, 그리고 1.5MW의 E-66을 1846기 등 합계 5.5GW에 이르고 있다. 2002년도 한 해만 보면 새로 설치한 발전기는 1344MW, 시장 점유율은 18.5%로 세계 2위이다.

(2) 노르딕스사

노르딕스사는 원래 덴마크 유틀란트 반도 중부의 기베(Give)에서 1985년에 창업한 풍력발전기 메이커였다. 1987년에 당시로서는 세계 최대인 250kW기를 개발하였으나 1996년에 독일의 그룹기업인 바브콕 보즈히사의 바르케둘사에 매수되어, 현재는 같은 바브콕 그룹의 보즈히 에너지사(Borsig Energy)의 일원으로 있다.

풍력발전기 메이커로서는 1986년에 설립되었지만 40년 이상의 역사를 가진 기계 메이커를 모체로 하고 있다. 최초의 제품은 1987년에 개발한 225kW기이고, 독일에 생산 설비를 건설한 것은 1992년이었다. 2001년에 프랑크푸르트 시장에 주식을 상장했고 2002년

말의 시점에서 양산 기종으로서는 최대인 2.5 MW기(N 80)를 생산하고 있다.

(3) 리파워시스템스사

2001년 1월에 풍력 에너지 분야에서 활동하고 있던 야코브스사(Jacobs Energie GmbH), 후스머 시프스웰프트사(HSW : Husmer Schiffswerft) 등, 2개 기업이 합병하여 설립된 새로운 메이커로, 최근 5 MW기를 개발하고 있다. 스페인 등에도 관련 회사를 가지고 있다.

(4) 드 빈드사

독일 북부의 도시 뤼백에 소재하는 드 빈드사는 1995년에 설립된 메이커이다. 원래 풍력관계 분야에 종사하던 5명의 엔지니어들에 의해서 설립되었다. 최초의 제품은 1996년의 500 kW기이고 2002년말 시점에서 2 MW기까지의 제품을 가지고 있다. 이 회사도 리파워시스템스사와 마찬가지로 5 MW기의 개발을 시작하였다.

(5) 기타

라인지방에 있는 1960년대부터 이어지는 금속 가공회사로, 1980년대부터 풍력발전 분야에 진출한 파렌더사와 벤시스 에너지 시스템스사 등도 풍차를 개발하고 있다. 특히 벤시스 에너지 시스템스사가 구상하고 있는 4개 로터를 한 타워에 설치한 10 MW기는 지난날 혼네프의 거대 풍차를 연상시키는 걸 모습이어서 매우 흥미

롭다.

4.5 독일의 풍력발전 기술혁신 능력

풍력발전의 기술개발 방향을 보면, 덴마크는 지역의 전통에 뿌리를 둔 지연(地緣)기술에서 탄생하였고, 생산 현장의 지혜로부터 출발한 첨단의 과학적 지식을 갖춘 연구기관이 생산 현장과 같은 입장에 서서 개발하는 '보텀업형' 이었다. 이러한 덴마크에 비하여 독일의 경우는 최첨단의 기술을 연구하고 있는 과학자가 주도하고, 정부와 대기업이 중심이 되어 개발을 진행하여 나가는 '톱다운형' 이라 할 수 있다.

제2차 세계대전 이전에 거대 풍력발전에 의한 전국적인 전력망을 구상한 혼네프는 철탑 기능공이었고, 스승과 제자 제도에서 수업한 전형적인 독일 기능공이었다. 그러나 같은 기능공이라 할지라도 덴마크의 목수나 대장장이가 자기 주위에서 사용하는 소형 풍차를 개발하였던 것과는 전혀 다른 거대 풍차의 세계였다.

독일의 풍력발전 기술 개발을 대표한 사람은 역시 휴터라 할 수 있다. 그는 전형적인 과학자로서, 이론에 바탕한 이상적인 풍차를 목표로 하였다. 즉, 경량의 블레이드를 사용하여 고회전시키려 했고, 허브 주위에도 티터링 허브 등 여러 가지 선진적 연구를 집중시켰다. 그 구체적인 예가 W34이였다.

그리고, 그 후에 개발된 그로비안에는 연구기술부라고 하는 정부기관이 개발에 참여함으로써 '효율적인 풍력발전기'라는 과학적인 목표에다가 '대형화'라는 국가의 위신까지 부가되었다. 하지만 이와 같은 선진적인 풍력발전기 개발은 눈부신 성과를 거두지 못하고 끝나버리고 말았다.

휴터는 원래 항공공학을 연구하는 사람이었다. 그는 미묘한 밸런스로 비행하는 항공기에 비하면 풍력발전기는 훨씬 단순한 기술이라 생각하고, 항공기 기술을 응용하면 손쉽게 새로운 풍차를 개발할 수 있을 것이라는 생각이었다. 이것은 이 책에서는 다루지 않았지만 미국의 풍력개발에서도 엿볼 수 있는 것으로서, 풍력발전에 대하여 기술적으로 얕보았던 경향이 있었던 것만은 사실이다.

앞에서 소개한 독일 박물관의 마티아스 하이만은, 이와 같은 태도를 가리켜 '기술적 오만'이라 비평할 뿐만 아니라 '기술에 대한 열광'이라든가 '하이테크 도취'라고도 표현하고 있다.

휴터는 같은 연대에 풍력발전 연구에 종사했던 덴마크의 요하네스 유르와 쌍벽을 이룬 풍력발전기 연구의 제1인자였다. 그러나 이처럼 '기술적 오만'이라 일컬어질 정도로 이론을 중시한 경향 때문에 경험을 중시하는 자세를 취한 유르와 그 유르를 뒤따른 리세아 등에 이기지 못했던 것이다.

Chapter 5
네덜란드의 풍력발전 기술

풍차라고 하면 누구나 먼저 네덜란드를 생각하는 사람이 많을 것이다. 앞에서도 누차 지적한 바와 같이 네덜란드는 오래 전부터 여러 가지 목적에 바람의 힘을 이용하여 왔다. 그러므로 유럽 여러 나라 중에서도 네덜란드는 풍차를 가장 크게 활용한 나라라고 할 수 있다. 그러나 오늘날의 풍력발전기(풍력 터빈) 세계에서 네덜란드는 반드시 발군의 경쟁력을 가지고 있는 나라는 아니다.

1990년부터 2000년까지 네덜란드의 풍력발전 능력 추이는 그림 5.1과 같다. 2002년말 시점에서 네덜란드의 풍력발전 능력은 727 MW로 세계 7위에 랭크되고, 유럽에서는 5위에 위치한다. 이처럼 발전능력이 결코 적은 편은 아니다. 그러나 국토 면적이 거의 같고, 인구는 3분의 1에 불과한 덴마크에 비하면 발전능력은 약 4분의 1에 지나지 않는다. 국경을 마주하고 있는 독일의 니다작센주는

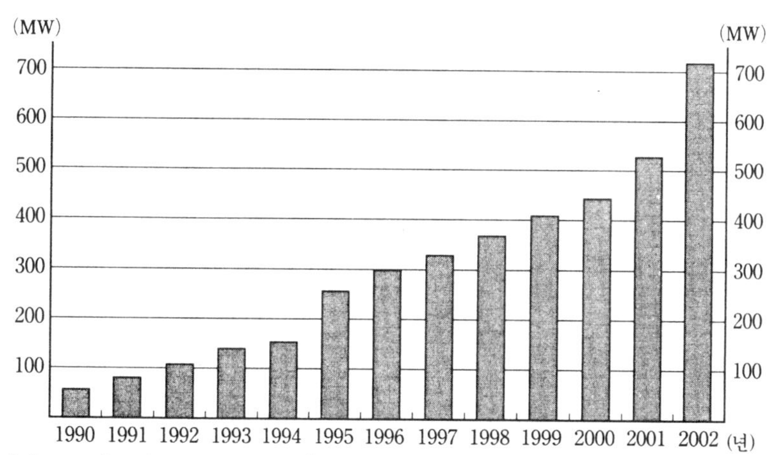

출처 : Kamp[2002] p.116, Figure 3.8 및 p.121, Figure 3.10.
2001년과 2002년은 BTM [2003]의 데이터에 의해서 추가

그림 5.1 네덜란드의 풍력발전 능력(누적)

주 단독으로 3521 MW의 발전능력을 가지고 있는 것에 비하면 더욱 미약한 느낌을 갖게 한다.

풍력발전기 메이커를 보면, 2003년까지 네덜란드에서 유일하게 남아있던 라헤르웨이사(Lagerway)의 2002년도 신규 설치 설비능력은 114 MW로 11위, 시장 점유율은 1.6%이다. 그러나 네덜란드의 국내 시장을 보면 풍력발전기 산업의 시장 점유율은 놀라울 정도로 낮다.

표 5.1은 네덜란드 국내 시장의 메이커별 점유율 추이를 나타내고 있다. 1993년에는 3사 합하여 네덜란드 메이커의 점유율은 79%였다. 그러나 시장이 성장함에 다라 네덜란드 메이커의 점유율은 떨어지고, 마침내는 도산하거나 외국 메이커에 매수되기도 하여

표 5.1 네덜란드 국내 시장(각 연도의 신규 증설 출력으로 측정)의 메이커별 점유율 (%)

메이커	국별	1993년	1997년	2002년
네드윈드	네덜란드	40	11	—
윈드마스터	네덜란드	28	30	—
라헤르웨이	네덜란드	11	0	2
미콘*	덴마크	15	22	13
에네르콘	독일	4	0	10
베스타스	덴마크	0	20	57
보나스·에너지	덴마크	0	17	3
기타	-	2	0	15

주 : 미콘은 1997년 이후는 노탱크와 합병하여 NEG미콘이 되었다. 1993년과 1997년의 수치는 노탱크와 미콘을 합계한 수치이다. 또 라헤르웨이는 1998년에 윈드마스터와 합병하였다.

출처 : 1993년과 1997년은 Kamp [2002] p.121, Table 3.2, 2002년은 BTM, World Market Update 2002 p.77, Fig.AP-11b.

2003년에 이르자 1개사로 시장 점유율 불과 2%로까지 떨어졌다. 그리고 그 1개사(라헤르웨이사)마저 2003년 8월에 도산하고 말았다.

이와 같은 수치를 보면 지난날 풍차의 나라로 명성을 떨쳤던 네덜란드가 왜 현대의 풍력 터빈 세계에서 주도적인 위치에 서지 못했을까 하는 소박한 의문을 가지게 된다.

네덜란드가 풍력발전에 관심이 없었던 것은 아니었다. 물론 풍차의 전통을 가진 나라로서의 풍력발전기 개발에 힘써 오기는 하였지만 그 노력이 이제까지 성공을 거두지 못했기 때문이다.

여기서는 네덜란드의 풍력발전기 개발 과정을 전망하고, 네덜란드가 풍력발전기 개발에 성공을 거두지 못한 이유를 살펴 보기로 하겠다.

5.1 전통적인 풍차의 쇠퇴

수백 년에 걸쳐 네덜란드에서 사용되었던 풍차가 쇠퇴기를 맞게 된 것은 증기 엔진이 등장하면서 비롯되었다. 1835년에는 3000기에 이르렀던 풍차가 1890년에는 1800기로 감소한 반면, 같은 해 증기 엔진은 4000기가 설치되었다. 시대의 흐름은 분명히 풍차로부터 증기 엔진으로 옮겨갔던 것이다.

덴마크에서는 전통적인 풍차 방앗간의 기술자들이 근대적인 발전용 풍력 터빈기술의 형성 과정에서 중요한 역할을 하였고, 또 그러한 기술자 간의 인적 연계가 풍력 에너지 이용기술에 대한 정보 교환 네트워크로 작용하였다. 그러나 네덜란드에서는 전통적인 풍차

기술과 근대적 풍력발전기 기술 사이에 단절이 있었다. 하지만 증기 엔진이 발달함에 따라 전통적인 풍차가 점차 해체되는 모습을 보면서 의구심을 가지는 사람들도 적지 않았다.

1923년이 되어, 반 티엔호펜 박사(Dr. P. G. van Thienhoven)가 네덜란드 풍차협회[1)] (De Hollandsche Molen)를 결성하고 전통적인 풍차의 보존을 제창하였다. 1924년에는 풍차기술 개선을 경쟁하는 콘테스트가 개최되기도 하여, 전통적인 풍차 세계와 기술자 간

그림 5.2 라헤르웨이사의 750 kW기

1) De Hollandsche Molen 회장은 LeoEndedijk. 주소 : Zeeburgerdijk 139. 1905 AA Amsterdam. TEL : 020 623 8703 / FAX : 020 638 3319 dhm@molens.nl/www.molens.nl

의 접점이 싹트기도 하였지만 기술자들은 풍차의 장래성에 기대를 가졌던 것은 아니었다. 이와 같은 분위기로 인하여 전통적인 풍차에 근대적인 지식의 접목이 별로 이루어지지 못했던 것이다.

이와 같은 사정 속에서도 소수의 예외를 든다면, 라이덴(Leiden)의 풍차 목수 덱켈(A.J. Dekker)에 의한 날개의 개량이었다. 덱켈은 독일인 엔지니어인 빌라우(K. Bilau)의 영향을 받았다. 빌라우는 이제까지의 나무틀이나 날개천에 의한 풍차 날개가 아닌 더욱 견고한 형상의 풍차 날개를 개발할 필요성을 이론적으로 제시하였다. 덱켈은 그 빌라우의 이론을 실제로 풍차 날개에 실현하여 보았다. 덱켈이 이룬 개량이라는 것은 바람의 저항을 줄이는 날개 개발이었다.

1928년경부터 덱켈에 의해서 개발된 이 날개는 많은 풍차에 채용되어 1935년에는 네덜란드에서 75기, 벨기에에서 10기가 이 날개를 채용하였다. 덱켈에 의한 이와 같은 노력은 다른 풍차 목수들을 자극하여, 몇 사람의 풍차 목수가 날개의 개량에 도전하였다. 예를 들면, 나무판을 풍차 날개로 사용하고 바람이 닿는 면적을 자동적으로 조정할 수 있는 날개를 개발한 풍차 목수도 있었다. 이처럼 풍차 자체의 기술은 점차 진보한 셈이지만 네덜란드는 그 풍차를 발전에 이용하려고 하는 생각은 별로 하지 않았다.

5.2 제2차 세계대전 이후

제2차 세계대전 후 풍차의 장래성은 암담하였다. 많은 풍차가 파괴되고 수리를 할 가망도 없었다. 네덜란드 풍차협회는 경종을 울리고 새로운 제안을 내 놓았다. 그것은 풍차를 전기적인 구동력과 연결시켜 가동한다는 것이었다.

이 제안을 실현하기 위해 1948년부터 1951년까지 사이, 벤트하우젠(Benthuizen)에서 풍차 테스트가 실시되었다. 이 테스트의 목적은 다음 두 가지였다.

① 풍차를 어디까지 전기적인 구동력과 접속할 수 있는가를 규명하는 것.

② 어떠한 종류의 구동력을 사용하여, 그것을 쉽게 다른 구동력으로 전환할 수 있는가를 연구하는 것.

이 테스트를 통하여 바람이 없을 때에는 전기 모터로 물을 퍼올리고 바람이 불 때에는 풍력으로 양수하여, 다시 잉여 풍력으로 발전을 하는 연동 운전이 가능하다는 사실이 밝혀졌다. 발전면에서는 매일 운전하는 풍차라면 연간 50000 kWh를 발전할 수 있다는 것이었다.

그러나 이 테스트를 통하여 몇 가지 과제가 새로 밝혀짐으로써 풍차 발전을 연구하는 전문 연구기관의 필요성이 제기되었다. 그 결과 풍력발전과 풍차의 자동화 연구를 목적으로 1951년에「풍차발전재단(Stichting Electriciteit-sopwekking door Windmolens[네덜란드], Foundation for the Generation of Electricity by Windmills[영국])이 설립되었다.

이 재단은 1955년에 북네덜란드의 웰벨스호프(Wervershoof)의 데 호프(De Hoop)라는 풍차에, 그리고 1958년에 아프티엔호벤(Achttienhoven)의 데 크라이(De Kraai)라는 풍차에 발전장치를 설치하여 테스트 운전을 시작하였다. 이 풍차에는 돌풍이 불거나 전력 공급이 정지되었을 때의 안전장치가 장착되었다. 그리고 자동화는 제분업자로하여금 풍차를 관리하는 시간으로부터 해방시켜 주었으므로 보다 많은 일을 할 수 있게 되었다.

한편 발전면에서는, 발전한 전력을 공공 네트워크에 공급하여도 큰 돈이 되지 않는다는 경제적인 문제가 남아 있었으므로 전통적인 풍차는 발전에 적합하지 않다는 결론이 내려졌다. 그리하여 재단은 이 목적을 위하여 설계된 풍차, 즉 윈드 모터(Wind motors) 개발에 중점을 옮기게 되었다. 윈드 모터 개발은 1955년부터 1956년에 걸쳐 한 대형 전력회사에 의해서 진행되었지만 기대한 만큼의 성과를 거두지 못하였다.

그 후에 석유를 싼 값으로 풍부하게 사용할 수 있게 되고, 원자력에 대한 기대도 높아져 풍력에 의한 발전은 관심을 잃게 되었다. 네덜란드에서의 풍력발전 개발과 연구는 그대로 정지되고 제1차 석유파동이 일어나는 1년 전인 1972년에 이 재단은 해산하였다.

5.3 석유파동 이후

(1) 에너지 백서와 풍력발전의 목표

1972년에 간행된 로마클럽의 「성장의 한계」와 1973년에 일어난 제1차 석유 파동은 네덜란드 정부의 에너지 정책을 전환시키는 계기가 되었다.

네덜란드에서 도시가스는 중앙정부가 전국에 깔린 네트워크를 콘트롤하고 있었다. 그러나 전기분야는 지방 당국이 지배권을 가지고 있고, 에너지 백서도 분야별로 따로 발행되었다. 그러나 1974년이 되어 비로소 네덜란드 정부의 경제부는 각 에너지분야를 통합한 「제1회 에너지 백서(*Eerste Energie Nota*)」를 발행하였다.

1974년의 이 백서에 제시된 새로운 정책에서는, 에너지의 소비량 감축과 에너지원의 다양화가 두 근간이었다. 말은 다양화라고 하지만 구체적으로 마땅한 대체 에너지가 발견되지 않은 것이 실상이었다. 따라서 화석 연료를 대체할 수 있는 새로운 에너지원을 개발하기까지는 에너지의 소비 절약만을 실행할 수 밖에 없었다.

이와 같은 실정에서 네덜란드 정부는 원자력에 큰 기대를 걸고 그것을 유일한 대체 에너지원으로 생각하고 있었다. 다른 한편, 태양광과 풍력 등의 대체 에너지원 가능성도 무시할 수 없었다. 그러나 풍력 이외의 에너지원에 대하여서는 기술적인 어려움이 예상되었으므로 개발 중심은 풍력 에너지에 놓여졌다.

네덜란드 정부는 1979년부터 1980년에 걸쳐 2번째로 「에너지백서(2e Energie Nota)」를 발행하였다. 이 백서에서는 풍력에 의한 발전이 석탄이나 천연 가스에 의한 발전에 비하여 코스트가 높고, 풍력 에너지에 대한 신뢰성이 낮으며, 발전한 전력을 어떻게 보존하느냐 하는 점, 또 그리드(송전망)에는 어떻게 접속하느냐 하는 등등의 여러 가지 문제가 있기 때문에 풍력이 기본적인 전력 시스템의 주요 대체 수단은 되지 못한다고 생각하고 있었다. 또 경관을 해친다 하여 도시화된 지역에 인접한 해안에서는 대규모 풍력발전소 건립이 금지되었다.

이와 같은 여러 가지 제약이 있었음에도 불구하고 풍력에 의한 발전 능력의 목표는 매우 높은 수준으로 설정되었다. 예를 들면 1976년에 시작한 풍력 에너지에 관한 국가 연구 프로그램 'NOW-1'에서는 로터 지름 50미터의 터빈을 3400기 설치하여 총 발전능력 5000 MW라는 목표를 제시했고, 새로운 백서에서는 2000년까지 1500~2500(평균 2000) MW를 목표로 잡고 있었다. 또 NOW 프로그램의 분산 에너지 담당자는 송전망에 접속하지 않는 분산 전원만으로 450 MW의 발전이 가능하다고 기술하였으며, 델프트(Delft)에 소재한 에너지센터(CE : Centrum voor Energiebesparing)는 4000 MW로 예측하고 있었다.

이와 같은 비현실적인 목표는 점차 낮추어져, 더욱 낮은 목표가 설정되었다. 1983년의 레포트에서는 소형 풍력발전을 사용한 분산형 터빈도 포함하여 2000 MW가 가능하다 하였고, 다시 1985년의 정부 최종 결론에서는 2000년에 1000 MW로까지 인하되었다. 그러하였음에도 불구하고 이와 같은 목표와 추측은 모두 당시의 실태와는 아직도 거리가 먼 수치였다. 석유의 다국적 기업으로서 유명한 로얄더치셸사(Royal Dutch Shell) 같은 대형 에너지 관련 기업은 풍력 에너지의 가능성을 거의 인정하지 않았다.

(2) 국가 프로젝트에 의한 대형기 개발

그러나 새로운 에너지원에 관한 연구와 의견 교환을 위하여 위원회 등의 조직이 설립되었다. 그 첫째는 1974년의 '국립에너지연구운영위원회(LSEO : Landelijke Stuurgroep voor Energie

Onderzoek[네덜란드], The National Steering Committee for Energy Research[영국])'의 설립이었다. 이 위원회는 다양한 과학자, 대학, 연구기관, 기업에 의해서 진행되고 있는 에너지 관련 연구를 조정하고, 국가 차원의 새로운 에너지 프로그램을 작성하는 것을 목적으로 하고 있었다. 그리고 네덜란드의 산업계가 이와 같은 프로그램과 정부 자금의 배분 기준에 관심을 가지게 하는 것을 목표로 하고 있었다.

또 하나의 새로운 동향은, 네덜란드 에너지개발회사(NEOM : Nederlandse Energie Ontwikkelingsmaatschappij)의 설립이었다. 이 회사는 네덜란드 원자로센터(RCN : Dutch Nuclear Reactor Centre), 네덜랜드 응용과학연구기구(TNO : Dutch Organization for Applied Scientific Research) 등 다양한 연구기관의 연구 성과를 교류시켜 상업적 이용을 촉진하는 것을 목적으로 하고 있었다.

1975년 1월에 LSEO는 프로그램 작성에 관한 잠정 레포트를 발표하였다. 이 레포트에서 가장 가능성이 있는 재생가능 에너지원으로 지목된 것은 태양 에너지(대양 에너지를 열로 변환), 지열, 그리고 풍력 에너지였다. 특히 풍력 에너지에 대하여서는 개발하여야 할 풍력 터빈의 형과, 풍차 상호간의 바람의 영향, 풍력발전소의 부지 등에 대한 몇 가지 문제점도 지적하고 있다.

LSEO의 한 가지 성과를 든다면, 태양 에너지 연구 프로그램(NOZ)과 앞에 소개한 제1차 풍력 에너지 연구 프로그램(NOW-1) 등 몇 가지 국가적인 에너지 연구 프로그램의 출발을 들 수 있다.

(3) 독자적으로 추진된 소형기 개발

유트레히트 대학의 린다 캠프(Linda Kamp)에 의하면, 이 이후 네덜란드의 풍력발전 연구는 수 메가와트 출력을 목표로 하는 대형기와 수십 kW 수준의 발전기를 개발하는 소형기 프로젝트로 나눌 수 있다. 대형기에 관하여서는 국가적인 빅프로젝트로 추진되었지만 소형기는 몇 개 소규모 메이커가 독자적으로 개발을 진행했을 정도였다. 그 중에서 대표적인 메이커로는 반 데르 폴사(Van der Pol), 보헤스사(Bohes : Bohemen Energy Systems), 보우마사(Bouma), 라헤르웨이사, NCH사, HMZ사 등이 있었다.

이 중에서 가장 오래 전부터 풍력발전기를 만든 업체는 철공건재업자였던 반 데르 폴사였으며, 1974년부터 풍력발전기를 생산하고 있다. 이 회사는 후에 대형 전기·전자기기 메이커로서 대형기 개발 프로젝트에 참여한 홀레크사(Holec)에 매수되었다. 두 번째로 오래된 회사가 라헤르웨이사이다. 1976년부터 풍력발전기를 생산하여 왔고, 아인트호벤 공과대학과의 협력관계로 풍력에 관한 지식을 축적하여 왔다. 많은 메이커가 소형 풍력발전기 분야에서 손을 뺀 가운데서도 이 회사는 최후까지 살아 남았다가 결국 2003년에 도산하게 되었다.

5.4 NOW-1

(1) NOW-1과 참가 기관

NOW-1은 1976년에 시작하여 1981년까지의 5년간에 걸쳐 실시되었다. NOW-1의 주요 목적은 네덜란드의 에너지 수요에 있어서 풍력 에너지가 어느 정도 공헌할 수 있는가를 판단하기 위한 재료를 얻는 데 있었다. 많은 지원금이 투입되었으며, 초년도(1976년 3월~1977년 3월)에만 1500만 길다(약 900만 달러)가 투입되었다.

이 연구 프로그램이 실질적으로 네덜란드에서 풍력발전에 관한 연구의 출발점이었다. NOW는 단일 연구 조직에 의한 집중적인 연구체제가 아니고, 대기업이나 연구소, 대학 등의 연합체로 구성되었으며, 각각 분담을 하면서 연구를 진행해 나가는 시스템이었다. 참가한 대기업은 항공기 메이커인 폭케르사(Fokker)[2] 종합 기계 메이커인 스토르크사(Stork)[3], 전기·전자 기기 메이커인 호레크사[4] 등 8개사였다.

연구기관으로서는 바람의 구조 데이터 수집을 담당하는 네덜란드 기상학연구소(KNMI : Het Koninklijk Nederlands Meterologisch Instituut), 계산프로그램 개발 담당인 국립항공우주연구소(NLR: National Aerospace Laboratory)), 풍력발전기의 후류효과(wake effects)[5] 연구를 담당하는 네덜란드 응용과학연구기구(TNO), 전력망 내의 풍력발전 통합을 연구하는 연구기관인 케마(KEMA), 그리고 프로젝트의 총괄은 네덜란드 원자로센터(RCN)[6]가 담당하게 되었다.

또 대학쪽에서는 문헌 수집을 담당하는 아인트호벤 공과대학

2) 1911년에 창업한 항공기 메이커. 1996년에 스토르크사에 흡수되어 현재는 스토르크사의 항공우주분야의 일부로 되어 있다. 더 상세한 사항은 홈페이지 www.fokker.com/을 참조.
3) 1827년에 창립. 1996년에 동사는 포켈사를 흡수했다. 더 상세한 사항은 홈페이지 www.stork.nl을 참조.
4) 1962년에 설립. 더 상세한 사항은 홈페이지 www.holec.com/을 참조.
5) 후류(웨이크)란, 공기가 풍차 날개를 통과한 후의 흩트러짐을 이른다.
6) 네덜란드 원자로센터(RCN)는 1976년에 네덜란드 에너지연구센터(ECN:Energieonderzoek Centrum Nederland)로 이름을 바꾸었다.

(Eindhove University of Technology), 소형 수직축의 발전기 개발 담당의 그로닝겐대학(Groningen University) 등이 참가하였다. 풍력발전기에 가장 회의적이었던 전력회사는 이 공통 연구에는 참여하지 않았고 전력소비자 역시 참여하지 않았다.

정부의 담당 부처는 경제부였지만 프로젝트 내부의 조정은 앞에 기술한 LSEO와 NEOM 등의 제3자 기관에 위임되었다. 또 조정기관으로서는 위의 두 기관 외에 1977년에 정부의 에너지 문제에 관하여 자문을 하는 '종합에너지평의회(AER : Algemene Energie Raad)'와 풍력 에너지 연구와 태양 에너지 연구의 협력과 조정을 하는 '에너지연구 프로젝트국(BEOP : Bureau Energie Onderzoeks Projecten [네덜란드], Bureau of Energy Research Project[영국]' 이 설립되었다.

(2) 수직축 풍력발전기와 수평축 풍력발전기

NOW에서는 풍력에 의한 발전이 어느 정도 이용 가능한가를 판단하는 데이터 수집이 중요 과제였기 때문에 당연히 어떤 형식의 풍차가 효율적인가를 판단하는 것도 중요 과제의 하나였다. 그러하기 때문에 실험적인 풍차를 건립하게 되었는데, 그 실험 대상으로서 '수직축 풍력발전기(VAT : Vertical Axis Turbine)' 과 수평축 풍력발전기(HAT : Horizontal Axis Turbine)' 의 두 종류가 후보에 올랐다.

① 수직축 풍력발전기(VAT)

수직축 터빈은 설계·건설은 폭켈사가, 계측기는 스토로크사가,

측정 프로그램은 RCN가 분담하여 1975년부터 1976년에 걸쳐 스키폴(Schipol)의 폭켈사 부지 안에 건설되었다. 기본적인 형식은 이른바 다리우스형 풍차였고, 로터 지름은 5.3 미터였다.

이 실험기를 사용한 각종 실험이 NLR와 RCN 아래서 실시되었다. 예를 들면, 익현(翼弦)의 형식과 블레이드 장수에 따라 풍속이 변화하였을 때 공기역학적인 효율성이 어떻게 변화하는가, 블레이드의 일그러짐, 전체 및 블레이드의 진동, 긴급시의 발전기 거동, 발전기 주변의 후류효과 등의 데이터가 수집되었다.

당시까지 수직축 풍력발전기의 공기역학적 거동에 대하여는 알려진 것이 별로 없었기 때문에, 운전을 시작하자 블레이드의 진동이 심하고 소음이 과다한 문제가 발생하였다. 그런 속에서도 많은 데이터가 수집된 결과, 보다 큰 수직축 풍력발전기에 의한 실험의 필요성이 요망되었다.

그 요구를 받아 1981년에 폭켈사가 로터 지름 15미터의 것을, 조선회사인 레인 스헤르데 페로르메사(Rijn-Schelde-Verolme)가 25미터의 발전기를 각각 설계하였다. NOW-1의 평가 레포트는 수평축 풍력발전기와 비교하기 위해 긴급히 어느 하나의 발전기를 건립할 것을 권장하였으나, 동년 ECN(옛 RCN)의 테스트장에 건립한 5미터짜리 수직축 풍력발전기가 반년 후에 손괴되었기 때문에 실현되지 못하였다.

② **수평축 풍력발전기**(HAT)

수평축 풍력발전기의 실험은 1977년 중반부터 1978년 후반에 걸쳐 실시되었다. NOW-1의 계산에 의하면, 코스트 퍼포먼스가 가장 높은 것은 로터 지름 80미터의 3MW 발전기라는 것이었다. 이와 같은 거대한 발전기는 1970년대 후반에는 거의 건립되지 않았으므로 미지의 세계였다. 그 때문에 리스크를 피하기 위해 로터 지름 25미터, 출력 300kW의 크기로 하였다. 이 발전기는 스토르크사와 ECN(옛 RCN)에 의해서 설계되고, 스토르크사(프로젝트의 전체적 관리를 담당), 폭켈사(블레이드 제작), 호레크사(전기 시스템을 담당), 라데마케르사(Rademaker ; 기어 담당)에 의한 컨소시엄으로 ECN의 부지 안에 건립되었다.

이 프로젝트에 참가한 멤버는 거의 모두가 대학출신의 엔지니어로서 비슷한 가치관을 공유하고 있었다. 그들이 가지고 있던 가치관이란, 세련된 계산에 바탕한 설계를 중시하는 것이었다. 이러한 점에서 덴마크의 풍력발전기 개발에 종사했던 사람들이 엔지니어들뿐만 아니라 대학을 졸업하지 못한 농기구 장인이나 풍차 목수 같은

그림 5.3 로터 지름 25 미터, 출력 300kW의 수평축 풍력발전기

'지연적 기술자'를 포함하고 있던 사실과 비교하면 매우 대조적이다.

이 프로젝트에 의한 수평축 풍력발전기의 특징은, 앞 페이지의 사진에서 보는 바와 같이 블레이드가 2장인 점이다. 설계 때의 선택지로서 블레이드의 장수는 1장, 2장, 3장의 3개 안이었다. 1장의 블레이드는 기술적으로 리스크가 높기 때문에 선택되지 않고, 3장은 코스트가 비싸다는 이유에서 2장의 블레이드로 낙착되었다.

이 밖의 이유로는 1장의 블레이드는 독일에서, 3장의 블레이드는 덴마크에서 각각 이미 실험되고 있고, 그 데이터를 구할 수 있었기 때문이었다. 2장의 블레이드는 아직 실험한 곳이 없었으므로 새로운 데이터를 수집할 수 있다는 메리트가 있었다.

또 하나의 특징은, 블레이드의 각도, 즉 피치각을 유압으로 90도 바꿀 수 있는 가변 피치였던 점이다. 또 요 제어와 블레이드의 회전속도 콘트롤에도 특징이 있고, 발전기도 풍속 변화에 영향을 받지 않고 안정된 전압으로 발전할 수 있도록 만들어졌다.

NOW-1에 의한 실험 프로젝트의 목적은 장래 양산기 개발을 위한 데이터 수집이었으므로 각종 측정 기기가 탑재되고, 그 스페이스를 확보하기 위해 출력에 비해서는 크게 만들어졌다.

새로운 특징, 많은 측정 기기, 대형화 등 여러 가지 요인에 의해서 이 수평축 풍력발전기의 실험기는 예상 이상으로 많은 비용이 들었다. 총액 860만 길더(약 510만 달러)에 이르는 경비는 모두 경제부에 의하여 지불되었다. 그리고 운전을 시작한 것은 1981년 6월 29일이었고, 이 날자는 NOW-1 프로젝트가 끝나기 직전이었다.

(3) 티프벤

NOW-1 프로젝트가 시작되기 전인 1973년, 매우 혁신적이고 장래성이 있을 것으로 생각되는 아이디어가 델프트공과대학(Delft University of Technology)의 반 홀텐(Van Holten)에 의해서 제기되었다. 그 아이디어란, 블레이드 끝에 붙인 '티프벤'이라는 작은 보조 날개로, 이 날개에 의해서 풍차의 효율성이 현저하게 향상되어 베츠의 한계를 넘는 것도 가능하다는 것이었다. 이 아이디어는 1977년에 NOW-1의 틀 안에서 적극적으로 연구를 하게 되었다.

반 홀텐의 아이디어를 간단하게 설명하면 다음과 같은 것이었다. 양쪽 끝의 □의 크기가 다른 통의 좁은 쪽을 앞쪽으로 하여 공기의 흐름 속에 놓으면, 넓은 쪽 □에서 기압이 내려가 흡인효과가 발생한다. 티프벤을 부착하면 이것과 같은 효과를 얻게 되고, 그 결

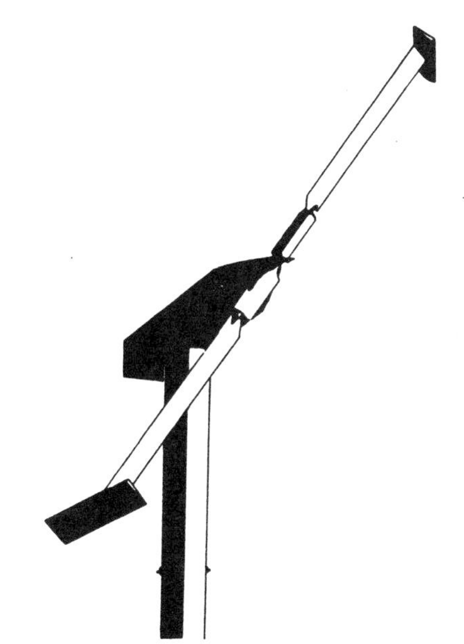

그림 5.4 티프벤 출처 : Verbong [1999] p.145. Fig.2

과 발전기를 빠져나가는 공기의 속도가 상승하여 발전기의 능력이 향상된다는 것이다. 15%의 코스트 업으로 얻어지는 에너지는 60~70% 상승한다는 것이었다. 많은 연구자들이 이 아이디어에 관심을 가지고, 수학적 모델 연구가 진행되었다. 그리고 델프트공과대학에서 진행되고 있는 티프벤 연구에 자금이 집중되었다. 티프벤은 NOW-1에 이어서 NOW-2에서도 연구되었다.

NOW-2에서는 티프벤 효과의 실증이 시도되었다. 또 풍동실험에서는 수학 모델의 예측대로 공기의 와류(whirl) 발생이 확인되었다. 그러나 실제 발전기를 사용한 실험에서는 와류가 발생하는 것은 매우 좁은 풍속 범위 뿐인 사실이 밝혀졌다. 그 후에 티프벤을 붙이는 블레이드 본체를 새로운 것으로 대체하는 등의 실험이 계속되었으나 이론적으로 예측한 대로의 결과는 얻어지지 않았다.

국립항공우주연구소(NLR)도 실험에 참가하여 다시 계속 실험을 반복하였지만 기대한 만큼의 효과를 얻지 못하고 결국 1985년에 이르러 이 티프벤 연구는 정지되었다.

NOW-1을 통하여 얻어진 일반적인 결론은, 풍력 에너지가 장기적인 가능성이 있다는 것은 인식하면서도 대규모의 풍차 터빈을 실현하기 위하여서는 보다 많은 연구 개발이 필요하다는 것이었다. 그러나 이 연구 프로그램에 참가한 많은 기업, 연구소, 대학 등의 참가자들은 이 결론에는 찬성하였지만 장래 방향에 대한 의견은 반드시 일치하지 않았다. 특히 전력회사, 산업, 연구기관의 대표들은 대형 풍차의 연구 개발에는 비판적이었다. 그리고 전력회사는 풍력 에너지의 장래성에 회의적이었다. 이와 같은 전력회사 등을 풍력 에너지 개발에 끌어들이는 일이 다음 과제가 되었다.

5.5 NOW-2 프로젝트

1981년 12월에 경제부에 의해서 새로운 'NOW-2' 프로그램이 승인되었다. NOW-1에서는 민간 기업, 특히 전력회사가 적극적이지 않았다는 점을 감안하여, 그 전력회사를 계획에 끌어들이는데 중점이 두어졌다. NOW-2는 1981년부터 1990년까지 계속되었고, 이 중에서 1981년부터 1984년까지의 제1기에 3700만 길다(약 2200만 달러)가 투자되고, 그 모두는 경제부의 예산으로 집행되었다. 네덜란드의 풍력발전에서 하나의 특징은, 이처럼 정부 주도로 계획이 추진된 점에 있다.

새로운 프로그램의 주요 요소는 다음 4개 점이었고, 특히 경제부는 4번째의 윈드 파크를 중시하고 있었다.

① 보다 크고, 보다 선진적인 수평축 풍력발전기(HAT)

② 다(多)로터의 풍력발전기 연구

③ 소형 상용 발전기(10~16 미터)

④ 10 MW의 윈드 파크

(1) 수직축 풍력발전기(VAT)

NOW-1에 이어, 수평축 풍력발전기와 함께 수직축 풍력발전기도 함께 개발되었다. 전술한 바와 같이 수직축 터빈은 폭켈사가 로터 지름 15미터의 것을, 레인 스헤르데 페로르메사가 로터 지름 25미터의 것을 각각 설계하였으나, 결국 폭켈사의 로터 지름 15미터, 출력 직류 100 kW의 발전기가 채택되었다. 이 수직축 풍력발전기는 암스테르담시 에너지회사(Municipal Energy Company Amsterdam)의 발주로 암스테르담 교외의 하스페르플라스(Gaasperplas)에 세워졌다.

이로써 NOW-1 이래의 과제였던 전력회사의 풍력발전기 개발 프로그램 참여가 겨우 실현되었다. 이 수직축 풍력발전기는 수 년간 운전되면서 여러 가지 계측 데이터가 수집되었다. 이와 같은 계측의 결과, 연구 개발비를 더 투입한다면 수평축 풍력발전기 개발도 가능하다는 결론에 이르렀다. 그러나 '연구 개발비를 더욱 투입한다면' 이라는 조건은 실질적으로는 개발 계속을 부정하는 것을 의미하였으므로 그 후의 개발계획에서는 수직축 풍력발전기가 탈락하게 되었다. 설계를 담당한 폭켈사는 계측에는 관여하였지만 건축 등의 주요 역할은 하지 않았고, 1985년경에는 풍력 에너지 개발에서 아예 철수하였다.

(2) 수평축 풍력발전기(HAT)

NOW-1에서 설명한 바와 같이, 수평축 풍력발전기는 NOW-1 프로젝트가 끝날 무렵인 1981년에 운전을 시작하였다. 운전의 주요 목적은 계측을 통하여 설계 때 이용한 수리 모델의 타당성을 검증하기 위한 것이었고, 또 하나의 목적은, 블레이드에 걸리는 힘을 측정하기 위해서였다.

계측 결과는 ECN와 폭켈사, 스토르크사, NLR 등의 참가 그룹이 정기적으로 회합하여 의견 교환을 거듭하였다. 그 결과 공통된 인식은, '코스트 효율이 높은 대형 풍력발전기가 다수 필요하다'는 것이었다.

이 수평축 풍력발전기는 피치 제어를 장치하고 있었다. 그러나 계측을 통하여 피치 제어에는 근본적인 문제가 있다는 것이 밝혀졌다. 즉, 실제 바람은 국소적으로 빈번하게 변화하고 있다. 그와 같은 미세한 바람의 변화에 피치각 조정으로 대응할 수 없다는 것이 문제였다. 'HAT-25'라고 하는 수평축 풍력발전기에 의한 계측은 1985년까지 4년간 계속되었다.

시험·계측을 주요 목적으로 한 수평축 터빈 프로젝트와 병행하여 상업용 수평축 터빈 개발도 시작되었다. 스토르크사는 1982년에 상업용 발전기 개발을 발표하고, 다음 해인 1983년에는 설계가 시작되었다. 이 상업용 발전기는 HAT-25를 바탕으로 개발되어 'Newecs-25'로 불리웠다.

상업용 발전기 설계에서 중요한 점은 코스트 절감이었다. 플로트형의 HAT-25가 직류 발전기, 유압 피치콘트롤, 탄소섬유제의 블레이드를 사용하고 있는데 비하여 Newecs-25에서는 피치 제어는 채용하였지만 발전기는 교류 발전기, 블레이드는 폴리에스테르제 등, 값싼 소재들을 사용하였다. 출력은 300kW였다.

이 Newecs-25는 3기가 생산되었다. 처음 도입한 곳은 네덜란드 남부 젤란드(Zeeland)주의 전력회사 PZEM사였다. 그러나 1983년에 운전이 시작되자 바로 블레이드가 2개 모두 파손되는 사고가 발생하고, 운전이 재개된 것은 1984년 8월이었다(이 사고를 계기로 전기 블레이크가 장착되었다). 두 번째 기를 도입한 곳은 네덜란드 남부의 스히담(Schiedam) 전력회사였다. 그리고 세 번째 기는 큐라소 섬(Curacao)의 코데라(Kodera) 전력회사에 납품되었다. 각 기의 운전 성과는 지역에 다라 크게 차이가 있었다. 바람이 일정 방향에서 부는 큐라소섬과 제란드에서는 가동률이 90퍼센트를 넘는 일도 있었지만 항구 부근의 공업지대로 바람의 변화가 심한 스히담에서는 60% 이하였다.

Newecs-25는 상업용 발전기로 설계된 이상 당연히 양산을 기대했었다. 그러나 양산을 위해서는 무엇보다 우선 구매자, 즉 수요가 있어야 했다. 1982년에 네덜란드 정부는 풍력 에너지와 저장, 300kW기를 15기 건설하는 시험적인 윈드 파크 건설에 합의하여 양산기의 수요가 발생하였다. 이와 같은 윈드 파크 건설은 NOW-2의 중점 과제의 하나였다.

설치 장소는 프리슬랜트(Friesland)주의 섹스비룸(Sexbierum)으로 결정되었다. 넓이는 50헥터로 300kW기 24기를 건설할 수 있으며, 총 출력은 7.2MW 예정이었다. 그리고 풍력 발전기의 시방은 출력 300kW, 피치 제어, 날개 길이 30미터였다.

이와 같은 수치로서도 알 수 있듯이, 기본 컨셉트는 HAT-25와 Newecs-25의 연장 선상에 있는 것이었다.

참가 기업으로는 외국 기업은 배제하고 네덜란드 기업으로 국한하였다. 그러나 재정적 보장이 요구되었기 때문에 소규모 메이커는 참여하지 못하고, 대기업인 스토르크사와 호레크사 2사만 참여하였다. 스토르크사는 Newecs-25 등에서 풍력발전기를 개발한 경험이 있었지만 호레크사는 그러한 실적이 없었기 때문에 소규모 발전기 메이커였던 반 데르 폴사를 매수하였다.

그러나 이 윈드 파크의 경영을 담당하고 있던 전력회사의 협동조합과 스토르크사 사이에 개발 모델의 시방을 둘러싸고 대립이 발생한 결과, 결국 모든 발전기를 호레크사가 떠맡게 되었다. 다만 건설코스트가 예상 이상으로 높이 뛰었기 때문에 예정한 24기가 아닌

18기만 건설하게 되었다.

한편, 섹스비룸(Sexbierum)의 윈드 파크에서 퇴출된 스토르크사는 1983년에 출력 1MW의 대형 상용 터빈인 'Newecs-45' 개발에 착수하였다. 최종 목표는 NOW-1의 시산으로 가장 효율적이라 판단된 3MW기였다. 스토르크사는 이 개발 프로젝트를 수행하기 위해 새로 '스토르크-FDO-WES사'라고 하는 자회사를 설립하였다. Newecs-45의 기본 설계는 Newecs-25의 컨셉트를 답습하여, 제어방법으로는 피치 컨트롤을 채용하였다. 브레이크는 공기력 브레이크를 기본으로 하고, 로터가 정지하였을 때에 고정하는 파킹 브레이크를 장치하였다. 또 긴급시에 대비하여 날개 끝에 작은 파라슈트를 넣어 로터 회전속도가 너무 빠를 때에는 이 파라슈트가 펼쳐져 회전속도를 낮추는 구조로 되어 있었다. 크기는 로터 지름이 45미터, 탑의 높이가 60 미터, 블레이드는 2장으로 유리섬유(GFRP)로 만들었다[7].

이 개발 프로젝트에 관심을 가진 회사는 북네덜란드의 전력회사인 PEN이었다. PEN은 스토르크사와의 공동 개발에 참여하고 자금도 분담을 하였다. 그리고 Newecs-45는 네덜란드 북부의 메뎀블리크(Medemblik)에 건립되어, 1985년 12월에 운전을 시작하였다.

가장 효율적이라고 생각되었던 3MW기에 대하여서는, 스토르크사, 폭켈사, 호크레사 등, 3개사에 의한 기업 연합체가 1983년 2월에 개발에 착수하였다.

---

7) 블레이드를 금속이 아닌 유리섬유로 만든 것은 전파장애를 피하기 위해서였다. 그러나 기계 메이커였던 스토르크사에는 유리섬유에 대한 노하우가 별로 없었으므로 외부로부터 지식을 도입하지 않을 수 없었다.

이 3kW기는 '그로하트(Grohat)'라고 불리웠다. 이 기업 연합체에 전력회사(특히 전력회사의 연구기관인 KEMA)와 경제부도 참가하여 NOW-2의 일환으로 예산이 확보되었다. 1984년에 기술적인 시방이 결정되고, 다음 1985년에는 '에너지·환경기술에 관한 산업협의회(Industrial Council for Energy and Environment Technology)'에 의해서 승인되었다. 그러나 전술한 바와 같은 Newecs-25의 트러블과 독일의 그로비안의 실패를 거울삼아, 거대한 3 MW기가 아닌 로터 지름 30미터의 스케일 모델이 건설되게 되었다.

Newecs-25의 트러블은 중심 메이커였던 스토르크사 내부에도 균열을 야기시켰다. 이와 같은 트러블로 인한 거액의 지출은 동사의 임원 회의에서도 문제가 되었다. 여러 가지 논의의 결과 1987년, 결국 18기에 이르는 Newecs-45의 생산 연기, 그리고 해안 지역용의 1 MW기였던 Newecs-40과 1.5 MW기인 Newecs-50도 개발 중지가 결정되었다.

경제부에 의한 그로하트의 개발 지속 요청에도 불구하고 결국 스토르크사는 그로하트 개발에서 철수하고 말았다. 그 후 스토르크사는 다음에 설명하는 플렉스하트(Flexhat)에 참가함과 동시에, 자회사인 스토르크-VSH사에 의한 블레이드 생산을 통하여 네덜란드의 풍력 에너지 개발에 참여하게 되었다.

그로하트의 스케일 모델은 플렉시블·로터에 관한 연구로부터 시작하였다. 이 프로젝트는 '플렉스하트' 라고 불리웠다. 플렉스하트의 목적은 중형, 대형 풍력발전기에 이용 가능하고, 코스트를 30% 떨어뜨릴 수 있는 선진적인 부품 개발과 테스트였다.

1887년 11월, HAT-25의 블레이드는 플렉스하트에서 개발한 블레이드로 교체되었다. 이 블레이드로 공기력 특성, 피로 특성, 가변피치 등이 1989년 6월부터 1992년까지 테스트되었다.

NOW-2에서 시작한 또 하나의 연구과제는, 날개가 여러 장인 풍력발전기 개발이었다. 날개가 여러 장인 풍차를 적극적으로 추진한 사람은 에너지 절약센터의 디렉터인 포트마(Th. Potma)였다. 그는 날개가 여러 장인 풍차가 경제성면에서 우수하다고 믿고 있었다. 그가 만든 비교적 소형의 날개가 여러 장인 풍차는 잘 기능하였지만 그 후에 계획한 보다 대형의 날개가 여러 장인 풍차는 자금 지원을 받지 못하였다. 그 때문에 날개가 여러 장인 풍력발전기를 개발할려는 과제도 도중에 벽에 부딪치고 말았다.

이와 같이, NOW-2에서 시도된 HAT-25, Newecs-25, Newecs-45, 그리고 그로하트와 플렉스하트 등의 풍력발전기 개발 프로젝트는 모두 뚜렷한 성과를 거두지 못하였다.

5.6 풍력 에너지 통합 프로그램 (IPW)

두 기간에 걸친 NOW가 끝나서도 네덜란드 국내의 풍력발전기 설치능력은 예정을 대폭 밑돌았다. NOW-2 계획에서는 2000년까지 450MW였지만 1985년 시점에서 불과 6.5MW에 지나지 않아, 목표를 달성하기가 매우 어렵게 되었다. 그래서 1986년부터 1990년까지 실시된 풍력 에너지 종합 프로그램(IPW : Integraal Programma Windenergie)에서는 정책의 중점이 변경되었다.

지금까지 정부에 의한 NOW 등의 개발 프로그램에서는 기술개발 지원에 국한했었다. 그러나 기술개발을 촉진하기 위해서는 먼저 개발한 발전기를 판매하기 위한 국내 시장을 육성하지 않으면 안 된다고 생각하게 되었다. 그래서 국내 시장 육성을 위해 IPW에서는 다음의 두 가지 목표가 제시되었다.

① 상업용 터빈 개발

② 2000년까지 1000 MW의 설치를 목표로 하되, 그 중간 단계로 1990년까지 100~150 MW를 설치

첫째 목표인 상업용 발전기의 기술개발에 대한 보조금에 관하여 정부가 이제까지 업계 전체에 일률적으로 보조금을 지급하던 것을 폐지하고 새로운 선택방법을 도입하였다. 1986년 시점에서, 네덜란드에는 대형·소형 합하여 24개 메이커가 존재했었다. 정부는 보조금 지급 대상을 프로젝트의 경쟁을 통하여 선택하기로 하였다.

그 결과, 응모한 메이커는 18개사였고, 그 중에서 6개사가 선정되었다. 경쟁에서 살아 남은 메이커는 베레우트사(Berewoud), 보우마사(Bouma), 라헤르웨이사, NCH사, 뉴윈콘사(Newincon ; 이전의 포레콘사), 트라스코사(Trasco)의 6개사였고, 이들 네덜란드 메이커에 대한 보조금 총액은 1400만 길더에 이르렀다. 여기에다 벨기에의 HMZ사와 덴마크의 미콘사에 대한 보조금도 인정되었다.

두 번째 목표인 도입량 확대는, 투자 보조금에 의한 국내 시장 육성책에 힘입어 크게 촉진되었다. 특히 전력회사가 풍력발전 도입에 참가하기 시작한 것이 큰 변화를 가져왔다. 1988년에는 국내 시장의 약 80%가 전력회사에 의한 구입이었다고 한다.

그 전력회사를 중심으로 몇 개 윈드 파크가 건설되었다. 한편, 덴

마크에서 시장 확대의 추진력이 되었던 협동조합에 의한 풍력발전기 소유는 네덜란드의 경우에는 별로 일반적이지 않았다.

또 풍력발전기를 구입할 때에 보조금을 얻을 수 있는 것은 ECN의 시험장에서 실시되는 '제한부 성능 인증(BKC : Beperkt Kwaliteits-Certificaat)'라고 하는 인증 테스트에 합격한 것이어야 하였다. 라헤르웨이사의 75kW기와 미콘사의 250kW기 등, 7개사의 제품이 이 인증 테스트에 합격하였다.

보조금은 출력에 따라 금액이 결정되었다. 이 프로그램이 출발한 1986년에는 1kW당 700길더(약 400 달러)였고, 이것은 풍력발전기를 건립하는 비용의 약 30%에 해당하는 금액이었다. 이 금액은 초년도인 1986년에 가장 많았고, 점차 감소하였다(표 5.2 참조).

표 5.2 IPW 아래서의 투자 보조금

연도	IPW의 보조금 (kW당 길더)
1986	700
1987	650
1988	400
1989	250
1990	100
1991	0

이 제도에 의해서 대부분의 메이커는 보조금이라도 빨리 받기 위해 대형기를 출고시키려고 서둘렀다. 1988년도에 인증 테스트에 합격한 것 중에는 이미 250kW기가 2 기종이나 포함되어 있었다.

네덜란드의 풍력발전기 메이커는 이 시기에 세계 대형기 시장에서 최첨단의 위치에 있었다. 그러나 충분한 경험을 쌓지 않은 상태에서 대형기를 개발하였기 때문에 여러 가지 기술적 문제가 속출하였다. 그 때문에 출력이 큰 만큼의 국제적 경쟁력은 갖지 못하였다.

연구 개발에 대한 보조금도 선진적인 발전기에 보조금이 주어졌기 때문에 대부분의 메이커는 선진 기술과 대형화를 위한 연구 개발에 뛰어 들었다. 베레와우트사와 파쿠스사(Paques)는 각각 RWT, KEWT[8)]라고 하는 선진적인 풍력발전기 개발에 착수하였다. RWT는 다운 윈드형으로, 로터 지름 16미터, 출력 80kW였다. 그리고 KEWT는 업 윈드형으로, 출력은 160kW였다. RWT와 KEWT는 플렉스하트에서 사용된 플렉스빔(Flexbeam)과 패시브 블레이드 피치 제어 등의 선진적인 기술을 채용한 제품이었다.

이와 같은 선진적 기술 개발의 결과, 많은 액수의 연구 개발비가 회사의 경영을 압박하게 되었다. 자금문제를 해결하기 위해 많은 합병이 이루어졌고, 그 중에서도 1986년에 합병한 베레와우트사와 파쿠스사는 RWT와 KEWT의 개발을 계속하였다. 그러나 KEWT는 ECN의 인증 테스트에 합격하지 못하였다. RWT는 인증 테스트에는 합격하였지만 판매는 극히 소수에 지나지 않았다. 그리하여 결국 1988년에 베레와우트사/파쿠스사는 도산하고 말았다.

이 밖에도 뉴윈콘사와 보우마사가 합병하여 네드윈드사(Nedwind)로 되고, 호레크사와 윈드마스터사(WindMaster, 원래의 HMZ Netherland사)가 풍차사업을 통합하였다. 이렇게 하여, 네덜란드의 풍력발전기 산업은 많은 기업의 난립 상태로부터 소수 기업의 과점 상태로 옮겨 갔다.

---

8) RWT는 수익성이 높은 풍력발전기, KEWT는 코스트적으로 유효한 풍력발전기라는 네덜란드어의 머리 글자를 딴 것이다.

5.7 TWIN 프로그램

IPW의 뒤를 이어 출발한 것이 'TWIN(Application of Wind Energy in the Netherlands)이라고 하는 지원 프로그램이다. 이것은 1992년에 시작하여 1995년까지 계속되었다. 이 프로그램에서 풍력발전기 설치 목표는 1995년에 400 MW, 2000년에 1000 MW, 2010년에 2000 MW, 또 같은 2010년에 200 MW의 해상(海上) 풍력발전소를 설치한다는 목표도 있었다. 그러한 설치 목표와 병행하여 풍차 개량, 대형 풍력발전기 개발, 산업발전을 과학적으로 지원한다는 것도 목표에 포함되어 있었다.

당초 네덜란드의 풍력발전기 개발에서는 과학적 연구를 지향하는 경향이 강했다. 그러나 기술적으로 첨단이라고 할 수 있는 RWT와 KEWT의 실패로 인하여 그 방침이 변경되었으며, 실제로 풍력발전기 생산에 응용할 수 있는 과학적 연구만이 연구 보조금을 획득할 수 있게 되었다.

네덜란드에서 풍력발전기를 설치할려면 이전부터 입지 장소문제가 뒤따랐다. 풍력발전기에는 소음, 경관 등, 인근 주민들의 생활환경을 저해하는 요소가 있었고, 그러한 문제는 풍력발전기 보급이 늘어남에 따라 더욱 심각한 양상을 띠기 시작하였다. 이 문제의 한 가지 해결책으로, 풍력발전기를 이곳 저곳에 세울 것이 아니라 윈드파크를 조성하여 한 곳에 모아 대형화하는 방법이 제안되었다.

이와 같은 지역적 요청도 있으므로, 풍력발전기 메이커는 이제까지 이상으로 대형기 개발에 열중하게 되었다. 1992년에 네드윈드사가 500 kW기를 개발·판매했고, 윈드마스터사는 750 kW기를 개발하여 시험기를 건립하였다.

이제까지 중소 기업이나 농민이 구매자였던 소형 풍차를 전문으로 제작했던 라헤르웨이사마저도 250kW기 개발을 시작하였다. 같은 1992년, 네드윈드사는 500kW기를 대형화하여 1MW기로 하기 위한 개발을 시작하였다. 그리고 이 1MW기는 1994년에 ECN의 인증 시험에 합격하기에 이르렀다.

그러나 이와 같은 대형기 개발은 각 메이커에 경영 위기를 초래하는 결과를 낳았다. 먼저 1996년에 라헤르웨이사가 경영 위기에 빠져 스토르크사와의 합병이 검토되었다. 이 합병안은 결국 성립하지 않고, 라헤르웨이사는 자사의 사내 조직 재편으로 위기를 극복하였다. 그 이후 1998년 7월에 네드윈드사가 NEG 미콘사에 매수되고, 같은 해 12월에는 윈드마스터사가 도산하여 설비와 종업원이 라헤르웨이사에 넘겨짐으로써 네덜란드에서 풍력발전기를 생산하는 회사는 결국 라헤르웨이사 한 회사만 남게 되었다.

5.8 네덜란드의 현재 풍력발전기 산업

혼자 살아남은 라헤르웨이사마저도 2003년에 도산하여, 현재 네덜란드에는 풍력발전기 메이커가 없는 상태이다[9]. 여기서는 이 라헤르웨이사를 중심으로 현재 네덜란드의 풍력발전기 산업을 간단하게 살펴 보기로 하겠다.

헨크 라헤르웨이(Henk Lagerweij)가 최초의 풍력발전기 실험

9) 5.1에서도 설명한 바와 같이 라헤르웨이사로부터 독립한 기술자가 2000년에 설립한 제피로스사라는 메이커가 있기는 하지만 아직은 소규모이므로 통계에도 설치 대수 등의 수치가 기록되지 않고 있다.

에 착수한 것은 제 1차 석유파동이 일어난 1973년이었다. 이 실험기는 로터 지름이 2.4미터이고 나무로 만든 블레이드, 정격 출력이 2 kW인 소형기였다. 1979년에 라헤르웨이/반 데 룬호르스트사(Lagerwey / Van de Loenhorst)로서 회사를 조직하였다. 당시의 제품은 두 장짜리 날개의 15 kW기(LW 10/15)였다. 그리고 1980년에 날개 3장의 'LW 11/15'를 개발하였지만 1985년 석유 가격이 떨어지자 판매가 저조하여 라헤르웨이/반 데 룬호르스트사는 문을 닫았다. 그리고 다음 1986년에 새로 라헤르웨이 윈드터빈사(Lagerway Windturbine B.V.)를 설립하였다.

이 무렵에는 마침 IPW가 실시되고 있던 시기였고, 5.6에서도 본 바와 같이, 다른 소규모 발전기 메이커도 모두 대형기 개발에 뛰어들었다. 그리고 주요 고객은 이제까지의 소기업과 농민에서 대규모 전력회사로 바꾸었다. 그러나 라헤르웨이사만은 이전부터의 고객을 방관하지 않았다. 예를 들면, 1990년도의 다른 네덜란드 메이커들의 제품 구매자들을 보면, 네드윈드사가 51 %, 윈드마스터사의 경우에는 100 %가 전력회사였으나 라헤르웨이사는 전력회사에 대한 판매가 불과 7 %에 지나지 않았다.

NOW-2에서부터 날개가 여러 장인 풍력발전기 개발이 이루어진 네덜란드에서 라헤르웨이사는 1986년경에 날개 6장의 75 kW기를 개발하였다. 이 날개 6장의 발전기는 로테르담 가가이의 마스블라크테(Maasvlakte)에 세워졌다. 블레이드에 발생하는 진동 주파수와 후류효과 문제 등이 발생하여, 날개가 여러 장인 풍력발전기는 컨트롤이 매우 어렵다는 사실이 밝혀져 결국, 이 풍력발전기는 개발이 정지되었다.

1992년에 이 회사에서는 250 kW(LW 27/250)의 대형기가 개발되고, 1996년에는 더욱 큰 750 kW기(LW 50)의 시험기가 완성되었다. 이 750 kW기는 그 이전의 동사 제품과는 전혀 다른 기술을 사용하고 있었다. 재래형의 유도 발전기를 750 kW기에 사용하면 열이 발생할 것이라고 예상한 동사는, 가변속을 위해 증속 기어를 사용하지 않고 다극 동기발전기를 회전시키는데 성공하였다. 이것이 그 이후 라헤르웨이사제 풍차의 특징이 되었다.

바로 이 무렵부터 해외 시장으로도 진출하게 되어, 인도에 라헤르웨이사제의 풍차가 처음 건립되었고, 1998년에는 일본에도 라헤르웨이사의 풍력 발전기가 처음 건립되었다.

1998년에 이 회사는 벨기에의 네덜란드 법인이었던 윈드마스터사를 매수하여, 라헤르웨이 더 윈드마스터사(Lagerway the Windmaster)가 되었다. 그리고 2001년에는 출력 2 MW의 대형기 개발을 시작하여 2002년에 그 시험기를 건립하기에 이르렀다.

라헤르웨이사의 가변속 기어레스기는 소음이 작은 것이 특징이므로 근년 일본에서도 많은 발전기가 설치되고 있다. 그러나 본고장인 네덜란드를 포함하여, 일본 이외 지역에서의 판매는 활발하지 못하였다. 특히 풍력발전의 신규 설치가 활발한 독일과 덴마크, 미국에서는 거의 팔리지 않았다. 스페인에서 2002년의 시장 점유율이 겨우 2.5%를 기록한 것이 주요 실적이었다.

이와 같은 형편에서, 2002년 12월경부터는 설상 가상으로 자금 회전의 압박까지 받기 시작하였다. 그리하여 2003년 4월에는 자사로부터 분리한 제피로스사의 주식 지분을 매각하고, 6월에는 제품을 750 kW기에 집중하였지만, 결국 2003년 8월에 도산하고 말았다.

그 후에 이 회사를 매수하려는 기업이 더러 있었지만 10월에 미국의 투자회사인 비나크사(VINAK Inc.)에 팔렸다. 현재는 미국의 발전기, 모터 등의 메이커인 아이디알 일렉트릭사(Ideal Electric Company) 산하에 들어가 있다[10].

이와 같은 결과, 2000년에 라헤르웨이사에서 분리하여 2003년에 완전 독립한 제피로스사가 현재 네덜란드의 유일한 풍력발전기 메이커로 존속하고 있다. 제피로스사는 라헤르웨이사의 기술을 이어 받아 2MW기를 개발하였고, 이미 시험기도 건립하였다. 그러나 양산 메이커가 되기에는 아직은 먼 단계에 있다고 할 수 있다.

5.9 네덜란드의 풍력발전 기술혁신 능력

5.3에서도 설명한 바와 같이, 네덜란드에서는 풍력발전기 설치에 여러 가지 목표가 세워져 있었다. 그러함에도 불구하고 2000년 시점에서 그 목표들은 모두 달성되지 못하였다. 최신의 목표였던 TWIN에서 2000년 목표는 1000MW였지만 실제로는 절반 이하인 473MW에 지나지 않았다. 2002년 시점에서도 727MW에 머무르고 있다[11]. 게다가 유일하게 남은 국내 메이커였던 라헤르웨이사마저도 2003년에 도산하고 말았다.

이와 같은 실상을 보면, 지난 날 풍차 왕국이었던 네덜란드가 현대의 풍력발전기 산업에서 성공을 거두었다고는 표현하기 어렵다.

---

10) 라헤르웨이사의 도산 경위는 〈WindPower Monthly지〉, 네덜란드의 인터넷사이트(http://home.wxs.nl/~windsh/nieuws.html), 제피로스사의 홈페이지(http://www.zephyros.com)에 의거하였다.
11) 2000년의 값은 BTM, World Market Update 2000, p.5,Table 2-2c. 2002년의 값은 BTM, World Market Update 2002, p.5, Table 2-2c.

네덜란드의 기술개발 특징은, 정부가 주도하여 기계, 항공, 조선 같은 대기업이 중심이 되어 추진한 점에 있다. 대학도 중요한 역할을 하였지만 독일의 휴터와 같은 선도적인 학자가 없었다. 전력회사는 오랫동안 개발에 소극적이었고, 덴마크의 유르처럼 전력회사의 기술자가 개발을 리드하는 일도 없었다.

소형기를 만드는 메이커도 있었지만 그들도 지원금의 유혹에 이끌려 발전기의 대형화를 진행시켜 나갔다. 그러한 경향에 편승하지 않았던 회사가 2003년까지 유일한 메이커로 남아있던 라헤르웨이사였다. 네덜란드가 풍차를 이용한 오랜 역사를 가지고 있었음에도 불구하고, 현대의 풍력발전기 산업에서 성공을 거두지 못했던 이유는 ① 정부에 의한 개발이 대형기를 개발하는 방향으로 나갔고, ② 전력회사가 풍력 에너지 개발에 소극적이었던 점, ③ 여러 연구기관이 조직되었지만 그것이 반드시 풍력발전의 건실한 개발을 지향하지 못했던 점 등을 들 수 있다.

예를 들면, 대표적인 연구기관인 국립 에너지연구운영위원회(LSEO)의 입장은 전력회사의 이익을 대변한다하여도 좋을 정도였다. LSEO가 대형 전력회사의 강한 영향력 아래 있었다는 것을 실증하는 예로, 그들이 권장한 소규모 발전소는 20기 또는 30기의 풍력발전기를 건립하는, 일반적으로 보면 대규모 발전소 규모라는 것을 들 수 있다. 이와 같은 사실로도 알 수 있듯이, 처음부터 대형기 개발을 목표한 네덜란드이지만 결국 그것은 성공을 거두지 못하였다. 정부가 주도하는 톱다운형의 연구 개발은 제4장에서 소개한 독일의 경우와 이 책에서는 다루지 않았지만 미국의 경우와 마찬가지로 성공을 거두지 못했던 것이다.

Chapter 6

일본의 풍력발전 기술

6.1 최근의 성장세와 정책방향

일본의 풍력발전에 대한 투자는 독일이나 스페인 같은 나라들에 비하면 아직 낮은 수준이다. 2002년도 말 현재의 누적 발전 능력은 486 MW로, 이것은 누적 발전 능력으로 볼 때 세계 9위에 자리하게되지만 1위인 독일의 11968 MW에 비하면 불과 4% 정도에 지나지 않는 미미한 수준이다.

그러나 최근 몇 년 사이 놀라운 성장을 기록하고 있으며, 2002년에 신설된 풍력발전 능력은 129 MW로, 세계 7위, 전 년도에 대비하면 36.1%의 증가세를 기록했다.

이 신장률은 독일(37.0%)이나 스페인(42.1%)에 비하여서도 별로 낮은 것이 아니다. 특히 주목하여야 할 점은, 지난 3년간의 평균 성장률이 97.2%나 되었으므로 다른 나라들보다 발군의 높은 성장률을 기록한 셈이다. 원래의 수치가 보잘 것 없는 낮은 수준이기는 하지만 지난 2~3년 사이에 풍력발전에 얼마나 많은 힘을 쏟았는가를 여실히 증명하고 있다.

이와 같은 고도 성장의 배경으로는 여러 가지 요인들을 들 수 있다. 그 중에서도 가장 크게 영향을 미쳤다고 생각되는 것은 국가의 적극적인 지원이었다고 할 수 있다.

풍력발전에 관한 제반 정책은 37명의 위원으로 구성된 경제산업성의「종합 자원 에너지 조사회 신에너지 부회」에서 논의되고 있다. 2001년 6월, 부회에서 에너지의 장기 수급 전망이 재검토되어, 2010년의 도입 목표를 종래의 300 MW에서 3000 MW로 10배나 상향 조정하였다. 이 목표는 매우 의욕적이기는 하지만 앞으로 8년 동안에 2500 MW 이상을 신규 투자하여야 한다는 것을 의미하므로 목표 달성은 결코 쉽지 않다는 여론이다.

목표를 이처럼 획기적으로 인상하게 된 것은 1997년 12월에 토쿄에서 개최된「기후변동 국제회의(통칭 COP 3)」의 합의에 바탕하여 일본의 국제공약(2008년부터 2012년까지 1990년을 기준으로 CO_2 등의 온실효과 가스를 6% 삭감하기로 공약한)을 이행하여야 하는 절박한 상황을 배경으로 하고 있다. 시장 메카니즘의 활용을 통하여, 재생 가능 에너지 이용 촉진을 실현하는 방법으로서「재생 가능 에너지지 할당제도(RPS : Renewable Portfolio Standard)」라고 하는 방법이 주목되고 있다.

2002년에는「전기사업자에 의한 신에너지 이용에 관한 특별조치법(별칭, RPS법)」이 제정되어 2003년 4월 1일부터 시행에 들어갔다.

6.2 정부의 적극적인 지원

(1) 바람 토피아 계획

1977년 7월 일본의 과학기술청은 '바람 에너지 연구회'를 발족시켜, 일반 가정과 농림수산 분야의 소규모 사업소용으로 전력을 이용하는 경우, 문제가 될 것으로 예상되는 안전성과 경제성을 실증하기 위해 풍력에 관한 여러 가지 문제들을 연구하기 시작하였다. 이 연구의 일환으로, 다음 해인 1978년부터 2년간에 걸쳐 '바람 토피

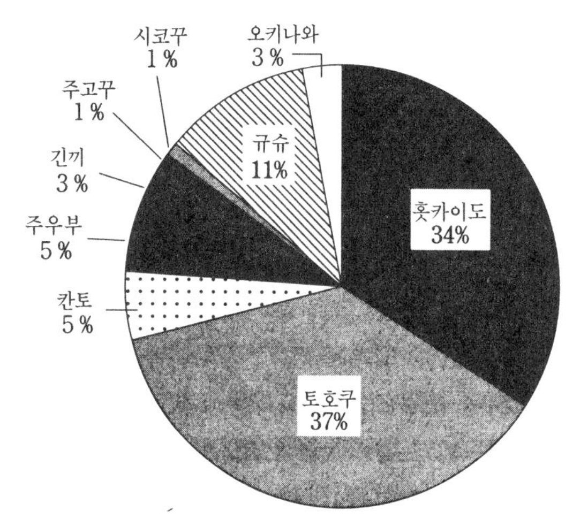

그림 6.1 일본의 지역별 풍력발전 도입량

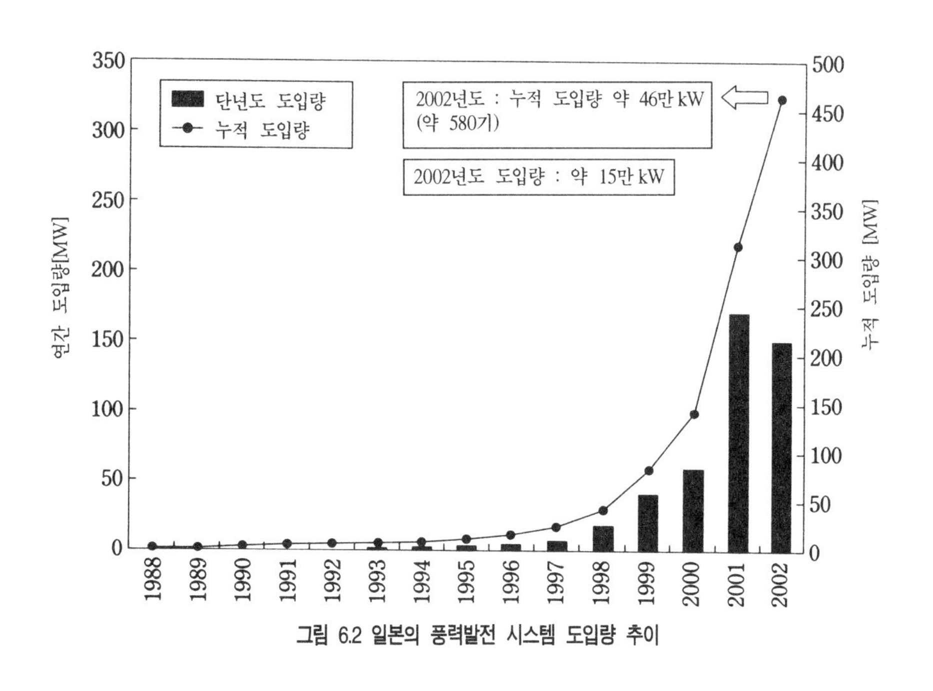

그림 6.2 일본의 풍력발전 시스템 도입량 추이

아계획'이라는 소형 풍차의 실험 프로그램이 진행되었다.

이 실험 프로그램에서는 가네자와시에 있는 '소년자연의 집' 및 목장에 3기, 군마현의 로스베이 컨트리클럽에 2기(군마현이 독자적으로 현청 옥상에 2기를 설치하여 협력), 그리고 아이찌현에 소재하는 농림수산성 야채시험장 시설재배부에 3기의 풍차가 건립되었다.

건립된 풍차는 '도까이대·보세이기업' 이라는 풍차와 스위스의 일렉트로사(Elektro GmbH)가 만든 풍차, 야마다(山田)풍차, 후지덴끼제의 풍차, 마쓰시다세이끄(松下精工)제의 풍차 등 5종류였다. 이 중에서 도까이대·보세이기업은 수직축 풍차였다. 또 야마다 풍차는 현수식이라 하여, 바람이 강해지면 프로펠러가 지면에 수평으로 되어 바람을 피하는 독특한 구조로 되어 있었다.

이들 풍차는 현지에 설치되기 전에 과학기술청 항공우주기술연구소에서 풍동실험이 실시되었다. 그 후에 전술한 3개소에서 시험한 결과 운전상태에서는 야마다 풍차가 운전일수 70.1%로 스위스제 풍차의 69.0%를 약간 앞선 것으로 파악되었다.

또 발전량에서도 184.13 kWh의 야마다 풍차가 45.98 kWh의 스위스제 풍차보다 우수한 것으로 밝혀졌다. 실험결과 에너지 변환효율이 예상보다 낮은 것으로 밝혀졌기 때문에 변환효율을 향상시킬 수 있는 연구가 필요하게 되었다. 또 축전지의 보전기술, 열에너지로의 변환 보존기술 개발의 필요성도 지적되었다.

이 바람 토피아계획 후의 1981년, 과학기술청은 전국에 있는 출력 0.5kW 이상의 풍력 발전기 실태조사를 실시하였다. 그 조사결과 바람 토피아계획 후에 많은 풍차 발전기가 건설된 사실이 밝혀져, 바람 토피아계획이 풍력 에너지에 대한 관심을 높이는데 많은 영

표 6.1 일본의 메이커별 풍차 설치 대수

순위	메이커	대수
1	히노마루프로(야마다풍차)	19
2	세파 터빈	8
3	일렉트로(스위스제)	7
4	마쓰시타세이코	5
5	후지덴끼(富士電機)	3
	마쓰무라(松村)농기	3
	미쓰비시(三菱)덴끼	3
	니혼풍력발전기	3
	니혼덴끼세이끼	3

향력을 미쳤다는 것을 알았다. 이 조사 결과를 통하여 설치 대수가 많은 풍차 베스트 5를 보면 표 6.1과 같다.

표를 보면, 야마다 풍차가 압도적으로 많은 것을 알 수 있고, 현재는 풍력발전에서 철수하였지만 당시 풍력 발전기를 만들었던 메이커의 수가 의외로 많았다는 것도 알 수 있다.

이 베스트 5에 드는 메이커의 제품에는 사보니우스형의 마쓰무라 농기와 다리우스형의 미쓰비시덴끼처럼 수직축 발전기도 있다. 이처럼 기술적으로 다양했던 것은 일본의 풍력기술이 아직 발전도상에 있었다는 것을 의미하고 있다.

(2) 선샤인 계획과 뉴선샤인 계획

일본의 본격적인 풍력 연구는 선샤인계획의 일환으로 1978년부터 시작되었다. 이 선샤인 계획은 현재 새로운 에너지, 성(省)에너지,

그리고 환경과 관련된 기술의 연구 개발을 통합하여 “뉴선샤인 계획”으로 이름을 바꾸었다.

뉴선샤인 계획에서의 풍력 연구는 대형 풍력발전 기술의 연구 개발을 통하여 에너지와 환경문제의 동시 해결을 노리고 있다. 현재의 개발 체제는 신에너지·산업기술 종합개발기구(NEDO)에 의한 낙도용 풍력발전 시스템 기술개발과 공업기술원의 기계기술연구소 및 자원 환경기술 종합 연구소에 의한 기초 연구로 성립되어 있다.

① NEDO 100kW 풍차

대형 풍차 개발은 NEDO 100kW기의 개발에서 출발하였다. 개발을 위탁한 곳은 토쿄전력(東京電力)과 이시가와시마나리마(石川島播磨)중공업이었다.

이 풍차는 1982년도에 미야께(三宅)섬에 건설되어, 단독 및 계통 투입운전을 하다가 1987년에 철거되었다. 합계 2127시간 운전을 하여 12만 2804kW/h의 발전 실적을 남겼다. 일본으로서는 풍차 운전의 귀중한 경험을 쌓는 셈이었고, 기존 기술의 검증이라는 측면에서는 커다란 성과를 거둔 것이었다. 그러나 반면에, 미국이나 유럽에서는 유연구조 시스템 등, 새로운 개념을 도입한 건설이 활발한 때였으므로 신기술에 대한 도전 정신이 부족했다는 비판이 없지 않았다. 어떻든 최초의 프로젝트였으므로 안전성을 중시한 보수적 설계는 어쩔 수 없는 일이었다.

② 500kW급의 풍차 개발

100kW기에 이어서 1000kW기, 즉 1MW기의 개발이 강력하게

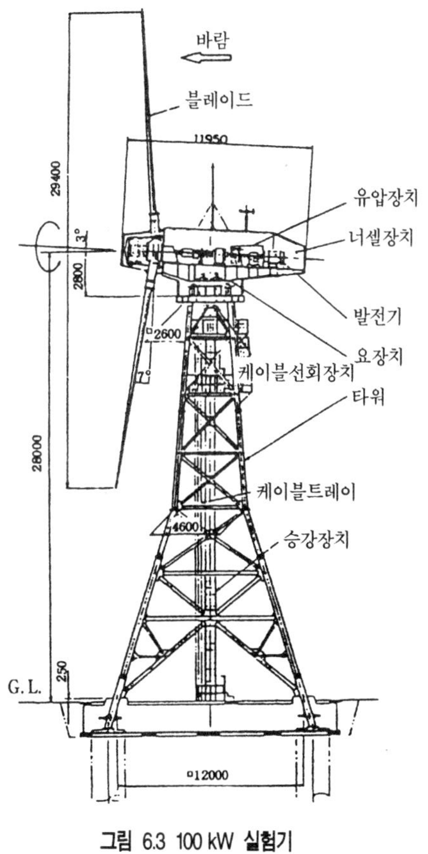

그림 6.3 100 kW 실험기

요구되었다. 그리하여 1985년부터 1988년에 걸쳐 로터 지름 50 미터의 유연구조 시스템의 개념 설계와 대형 블레이드 시험 제작 및 피로시험·파괴시험, 하브 요소 등의 시험 제작과 운전 시험 등의 연구가 추진되었지만 실물 기계의 건설에는 이르지 못하였다.

이에는 몇 가지 이유가 있었다. 첫째는, 해외의 MW급 시험연구기의 운전 실적으로 보아서 보증할 만한 대형기가 아직 출현하지 않은 상태였다. 독일의 그로비안기 실패에서 보듯, 대형기는 리스크가 크고, 과연 MW급 풍차만이 가장 적합한 크기인가 하는 의문이 제기되었다. 한 마디로 말해서, MW급 풍차는 개발하는데 많은 돈이 들면서도 불확실성이 너무 크다는 판단이었다.

또 윈드 팜에 도입된 상업 풍차들을 보면, 당초의 50 kW급에서 점차 대형화하여 200~300 kW급의 중형으로 옮겨가는 추세에 있었다. 그 연장 선상에서 생각할 때 가까운 장래에는 500 kW급이 개발의 표적이 될 것이며, MW급 풍차는 그 다음 단계가 적합하다는 판단이었다.

이와 같은 대형기 개발과 상업기 보급의 세계적 추세에다 또 한 가지 주요한 이유는, 일본의 기술적 경험으로 볼 때, 100 kW급에서 일약 1000 kW급으로의 도약은 지나치다는 판단이 깔려 있었다.

그리하여, 풍차 제조업자의 기술적 경험, 전기사업자 등의 잠재 수요자의 의견 등이 폭넓게 수렴된 결과, 최종적으로 다음의 개발 목표는 500 kW급 풍차로 결정되었다. 당시 일본의 기술적 능력으로 본다면 이 선택은 최선의 선택이었다는 견해가 많다.

이 500 kW기의 개발계획은 다음과 같았다.

개념설계 ························· 1991~92년도
요소기술의 개발·시험 ·········· 1992~93년도
제작·건설 ························ 1993~95년도

500 kW 풍차는 로터 지름이 38 미터인 프로펠러 풍차였다. 블레이드는 3장이고, 설계 개념으로서는 기술적으로 완성도가 높은 미쓰비시 중공업의 250 kW 상업기 계보였다. 따라서 리지드 하브를 채용하는 강구조의 설계였다(그림 6.4, 표 6.2).

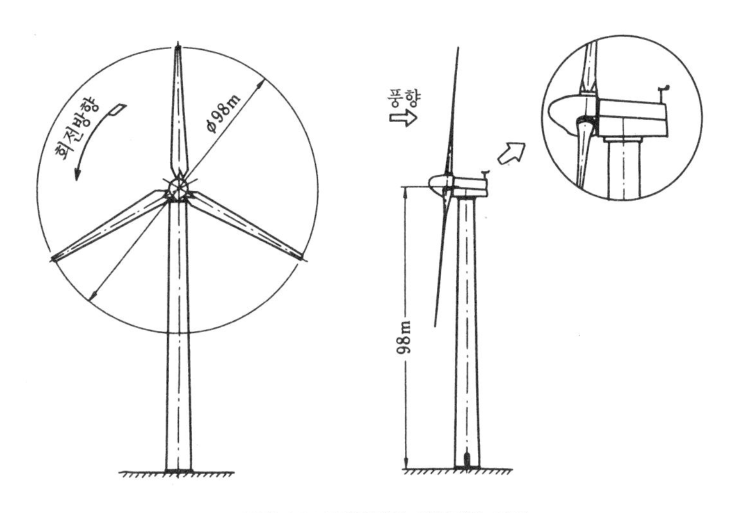

그림 6.4 500kW기의 개략적인 형태

강구조(剛構造)설계의 특징은 블레이드 장착부가 튼튼하여 유연구조 설계에서 채용하고 있는 시소처럼 요동하는 티타드 하브를 사용하지 않는다. 이러한 의미에서 볼 때 기존의 기술을 격상한 실적중시의 풍차라고 할 수 있다. 풍력발전의 실용화와 보급이라는 측면에서 본다면 이제까지 축적된 기술을 최대한으로 대형화한 500kW급 풍차를 태풍의 내습이 잦고 또 난풍의 성분이 큰 일본적 기상조건에서 운전 시험을 연구하는 일은 매우 귀중한 경험이었다.

(3) 일본판 하와이, 미야꼬(宮古)섬

뉴선샤인 계획 아래서는 집합형 풍차발전 시스템 이용 기술도 연구되었다. 이것은 쉽게 말해서 중형기와 소형기를 복수대 설치한 다

표 6.2 500 kW기의 기본 시방

항　　목		NEDO 500 kW기
정격출력 500 kW		
형식		3장 날개 프로펠러형
오리엔테이션		업 윈드
로터 지름		38.0 m
하브 높이		38.0 m
출력제어방식		가변 피치제어
로터 회전수		32 rpm
운전풍속		
	컷인 풍속	5.5 m/s
	정격풍속	12.5 m/s
	컷아웃 풍속	24.0 m/s
	내(耐)풍속	60.0 m/s
날개	길이	18.250 m
	중량	2.2 ton
	코드 너비(max/min)	2050/0.587 m
	비틀림각	11.1도
	재질	GFRP
증속기	형식	유성 2단식
	증속비	46.9
가변 피치기구		신개발 기구(유입 실린더×1)
발전기	형식	유도발전기
	정격출력	500 kW
	극수 / 상수	4/3
	주파수	50 Hz
	정격 회전수	1500 rpm
	계통 병입방법	소프트스타트
타워 하브 높이		38.0 m

음, 복수 풍차군의 운전·제어기술의 실증 시험을 하는 것이다.

이 프로젝트는 1990년에 시작하였다. NEDO가 위탁한 곳은 바람이 강한 여러 개의 섬으로 구성되어, 이전부터 풍력발전에 관심이 많았던 오끼나와 전력이었다. 시험 연구 사이트는 미야꼬섬(宮古島) 북서부에 위치하는 곳으로, 주변이 바다로 둘러싸여 있어 장해물도 없는 이상적인 지형이었다. 게다가 연간 평균 풍속은 매초 8미터에 이르는 유망한 풍력 지역이다. 미야꼬섬은 자연이 매우 풍요로워 일본의 하와이섬으로 불리우는 곳이다.

(4) 높은 운전실적

집합형 풍력발전 시스템의 연구 개발에서는 1991~1992년에 미

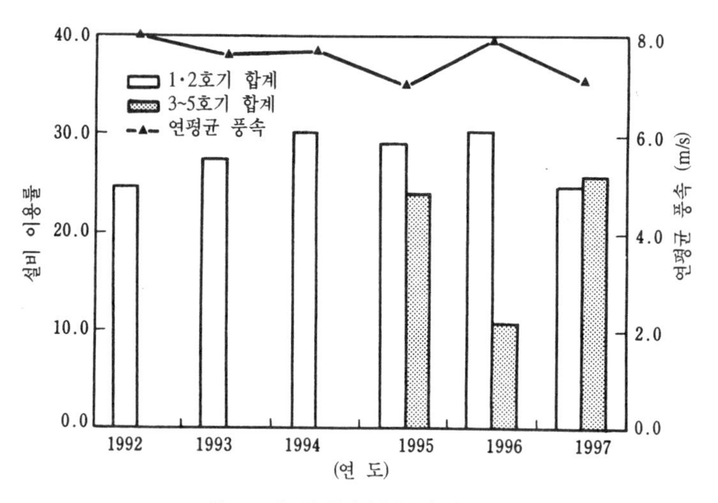

그림 6.5 연도별 설비이용률 및 평균 풍속

(1) 1992년도에는 1호기만의 데이터이다.
(2) 3~5호기는 1995~96년도 기간에 기기 조정 관계로 연중 운전을 하지 못했다.
(3) 1997년도는 1998년 1월까지의 실적이다.

표 6.3 집합형 풍력발전 시스템의 유닛 시방

항 목	1·2호기	3·4·5호기
풍차 형식	수평축 프로펠러식 가변 날개형	수평축 프로펠러식 고정 날개형
정격 출력	250 kW(평균풍속 12.4 m/s)	100 kW(평균풍속 10.0 m/s) 400 kW(평균풍속 15.0 m/s)
기동 풍속	5.5 m/s	3.0 m/s
정지 풍속	24.0 m/s 이상	25.0 m/s 이상
프로펠러 직경	28 m	31 m
프로펠러 회전수	43 rpm	24 rpm(100 kW 운전시) 36 rpm(400 kW 운전시)
타워 높이	30 m	36 m
발전기 형식	유도발전기, 교류 480 V, 3상. 60 Hz	유도발전기, 교류 600 V, 3 상. 60 Hz
대수	2 대	3 대
메이커	미쓰비시중공업(일본)	미콘(덴마크)

쓰비시 중공업의 MWT기(정격 출력 250 kW)가 2기, 1955년에는 Micon사의 400 kW기 3대가 설치되어, 계통 연계의 운전 시험이 실시되었다. 이 풍차의 시방은 표 6.3과 같다. 시험의 결과 풍력발전의 투입비율 10 퍼센트는 계통 전력에 영향을 미치지 않는다는, 국제적으로도 상식적인 가늠이 검증되었고, 그 후에 16 퍼센트로도 문제가 없다는 것이 검증되었다. MWT기 2대의 1993~94년의 운전 실적은 각각 연 평균 풍속, 매초 7.6 미터, 7.7 미터에서, 설비 이용률은 27.5 퍼센트 및 30.2 퍼센트를 기록하였다(그림 6.5 참조).

(5) WINDMEL 풍차

일본 기계기술 연구소의 영문 표기 머리 글자를 엮어 MEL이라고 한다. 이 WINDMEL 풍차는 1987년 3월에 쓰꾸바시에 소재하는 일본 기계기술 연구소 구내에 설치되었다.

이 풍차는 로터 지름 15미터, 타워 높이 15미터, 설계 발전출력 15kW의 시험 연구용 풍차 발전 시스템이다. 시험 연구기로서의 사명은, 혁신 풍차에 필요한 몇 가지 새로운 기술 개념을 적용하여 시험하는 것이었다. 가장 큰 특징은 변동하는 바람에 대한 유연성을 모든 요소에 반영한 점이다. 즉 시스템 전체를 가변속 운전 시스템으로 하고, 기계 강도면에서는 티타드 로터를, 또 구조면에서는 소프트 설계 타워를, 운전·제어면에서는 메카니칼 가바너와 푸리 요 시스템을, 전기 면에서는 DC 링크방식을 채용하였다. 기계, 구조, 전기, 운전·제어의 모든 면에 걸쳐 플렉시블한 완전 유연 구조 설계의 시스템이다.

이와 같은 발상의 풍차는 네덜란드의 ECN, 덴마크의 리소연구소 등에서도 혁신적인 차세대 풍차로 시험 연구가 진행되었다.

6.3 일본의 풍차 메이커

패전 이후 일본에서는 몇 개 대기업에 의해서 풍력 발전기가 개발되었다. 선샤인 계획에서도 설명한 바와 같이, 소형의 야마하 발전기, 중형의 후지중공업, 그리고 대형의 미쓰비시 중공업에다 일찍부터 일본에 진출한 덴마크 미콘사(현재 NEG 미콘)의 일본법인인 NEG미콘사가 대표적인 메이커이므로 여기서는 이들 메이커의 특징과 실적을 간단하게 소개하도록 하겠다.

표 6.4 WINDMEL풍차의 기본 시방

구분	항목	사양
성 능	정격 출력	15 kW(최대 20 kW)
	정격 풍속	8.0 m/s
	컷인 풍속	3.5 m/s
	컷아웃 풍속	25 m/s
	내(耐)풍속	60 m/s
로터부	형식	수평축형
	하브 형식	티타드 하브
	로터 배치	업/다운 윈드
	지름	15 m
	회전수	81.5 rpm
	블레이드 장수	2
	블레이드 재질	GFRP
	블레이드 날개형	FX-W-77 시리즈
	날개 뿌리 너비	0.89 m
	날개 끝 너비	0.22 m
	비틀림각	32°
	코닝각	0° (업), 6° (다운)
	틸트각	6°
	티타링각	±6°
트레인부	기어형식	평행1단+베벨기어
	윤활	오일 패스식
	블레이크	디스크 블레이크
	커플링	플렉시블
발전기	형식	농형 유도전동기
	용량	22 kW
	전압	220 V
	정격 회전수	1800 rpm
제어	속도제어	메카니칼·가바너에 의한 피치변환
	방위제어	푸리요(업에서는 측차)
	발전기 제어	슬립률 조정
	제동기	수동 브레이크
	전력 변환	DC 링크
타워 기초부	형식	모노폴 기도(起倒)식
	하브 높이	14.8 M
	재질	스틸

(1) 야마하 발동기

야마하 발동기는 1980년대 중반부터 1999년까지 풍력 발전기를 개발·생산하였다. 제 2차 세계대전 중에는 악기로 다진 목공기술을 응용하여 항공기용 프로펠러를 주로 생산하였지만 모터보트와 요트도 만들었기 때문에 풍력 발전기의 핵심이 되는 유리 섬유 기술도 보유하고 있었다.

이처럼 풍력 발전기의 블레이드와 밀접한 관련이 있는 유리 섬유라는 중요한 기술 요소를 가지고 있었기 때문에 당시의 일본 통산성이 이 회사에 대하여 보트의 유리 섬유 기술을 로터 블레이드에 응용하는 연구를 위탁하였고, 그 연구를 계기로 풍력 발전기 제작에 참여하게 되었다.

이 위탁 연구에서는 시방만이 제시되었다. 그리고 이 위탁 연구

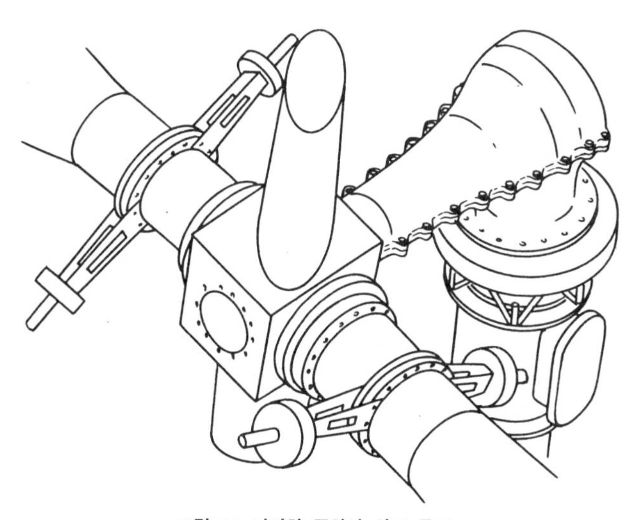

그림 6.6 야마하 풍차의 하브 구조

에 의해서 개발된 것이 출력 1 kW의 로터 지름 6 미터의 풍차였다. 이 풍차는 1983년 4월에 시쓰오카(靜岡)현의 하마오까 원자력발전소 옆에 건설되었고, 총계 17기가 판매되었다.

1989년에는 출력 16.5 kW, 로터 지름 15미터 기를 생산하여 북해도의 슷쓰마찌(壽都町)에 5기를 납품하였다. 이것은 소규모이긴 하지만 일본 최초의 윈드 팜이었다. 이 밖에 간세이(關西) 전력이 인공 섬인 롯꼬(六甲)아일랜드에 조성한 롯꼬 신에너지 센터에 2대를 설치하는 등, 합계 17기를 판매하여 일본 상용 풍력 발전기 발전의 선구자가 되었다.

한편, 야마하 풍차는 슷쓰마찌에 건설한 풍차의 블레이드가 손상한 사고를 통하여 기술을 더욱 굳건하게 다지게 되었다.

사고의 원인은 몇 가지 요인에 의해서였다. 혁신 풍차로서의 유연설계 사상의 풍차기술이 미숙하였던 것이 첫째 요인이었고, 두 번째는, 기술적인 설계 잘못이었다. 슷쓰마찌 풍차지역은 풍향에 따라 복잡하게 바람이 휘말리고, 풍차가 불안정한 거동을 나타내는 경우가 있었다고 한다.

그 대책으로 가한 개량이 화근이었다. 세 번째는 운전 조건이었다. 당시에는 풍차가 발전한 전력을 전력계통에 유입시킬 수 없는, 즉 연조류가 금지된 때였다. 때문에 중학교 난방용으로 전력을 모두 소비할 수 있는 겨울철을 제외하고는 정상 운전을 할 수 없었다. 그러므로 봄, 여름 가을과 겨울철 야간에는 풍차에 부하를 걸지 못하고, 즉 발전기를 돌리지 않고 운전했었다.

WINDMEL 풍차의 경험에서 보면, 무부하 운전을 하면 로터의 회전수가 10 퍼센트나 높아진다. 그리고 시스템의 거동이 불안정하게 된다. 어떠한 불안정 상태인가를 구체적으로 설명하기는 어렵지만 직감적인 이해를 위하여, 가령 높은 하늘에서 떨어지는 물체를 가상하여 보자. 그 물체가 인간이고, 그가 낙하산을 매고 있었다면 바람에 좌우되면서 지상에 안전하게 착지할 수 있을 것이다. 그러나 떨어지는 물체가 인간이 아니고, 한 장의 종이라면 어떻게 떨어지겠는가. 나무 잎처럼 너울너울 날리며 떨어질 것이다. 상하, 좌우 가늠할 수 없고, 어느 곳에 떨어질지도 예상할 수 없을 것이다. 이것은 부하가 없기 때문이다.

또 매우 극단적인 예이기는 하지만, 정상 부하를 전제로 설계된 회전 기계가 장시간 무부하 운전을 계속하게 되면 시스템의 동작을 불안정하게 하고, 예컨대 돌풍을 받을 때에는 필연적으로 위험을 동반하게 된다.

이 트러블 이후에 야마하 풍차팀은 시스템의 신뢰성, 안전성 개선에 전력을 쏟아 15미터 풍차를 완성 단계에까지 성장시켰고, 또 1992년 4월에는 역조류가 가능하게 되어 상시 부하 운전으로 착실한 운전 실적을 쌓았다.

한편, 야마하 풍차는 이 사이, 15 미터 풍차와 공통 설계 사상에 의한 로터 지름 30 미터, 출력 100 kW 풍차를 개발하여 오끼나와에서 수 개월 운전을 하였다. 그러나 전술한 트러블이 계기가 되어 그 상품화 개발을 중단하고 말았다.

(2) 미쓰비시 중공업

미쓰비시 중공업은 일본에서 유일한 대형 풍력 발전기 메이커이다. 이 회사는 일찍부터 제품을 해외에 판매하고 있으며, 주로 미국에 많은 판매 실적을 가지고 있었다.

미쓰비시 중공업은 1980년에 로터 지름 18.9미터, 정격 출력 40 kW의 실험용 풍차를 고야끼(香燒)공장 안에 건립하여 실험을 시작하였다. 이어서 1982년에는 가고시마현 오끼노에라브섬의 규슈(九州)전력 지나(知名)발전소에 로터 지름 33미터, 정격 출력 300 kW의 프로펠러 풍차를 설치하고, 9700 kW의 디젤 발전기와의 병렬운전을 하는 등의 실증 시험을 시작하였다. 이들 풍차에는 모두 헬리콥터의 날개를 블레이드로 이용하였다.

이와 같은 경험을 바탕으로, 1985년에 대량 생산형의 250 kW 출력 풍력 발전장치를 개발하여 고야기 공장에 설치하였다. 이 단계에서는 이미 헬리콥터의 블레이드를 전용하는 일은 지양하고 FRP 제의 풍차용 블레이드를 사용하게 되었다. 이렇게 하여 미쓰비시 풍차는 기반을 확립하였고, 1987년에는 하와이에 37대, 캘리포니아의 테하차피에 20대를 수출하였고, 1990년에도 테하차피에 340대, 91년에 300대를 수출하고, 영국의 웨일즈에 103대를 건설하였다. 이 밖에도 표 6.5에서 보는 바와 같이, 해마다 많은 풍차를 수출하여 세계에서 유수한 풍차 메이커의 자리를 구축하였다.

큐슈지방은 일본에서도 태풍의 내습이 잦은 지역이어서 풍차 개발팀은 각고의 노력을 기울였으며, 특히 헬리콥터의 날개를 이용한 도전 정신이라든가, 200 내지 300 kW급의 중형기가 상업기의 주류가 될 것으로 예측한 선견지명은 미쓰비시 풍차의 토대를 굳히는데 큰 기여를 하였다. 또 대규모의 풍차를 도입할만한 조건이 갖추어지지 않는 일본의 국내 시장을 뛰어넘어, 해외 시장에 착안한 것도 현명한 선택이었다.

표 6.5 미쓰비시 풍차의 해외 주요 납품 실적

연 도	국가·장소	기종	대수
1987	미국·하와이	250 kW	37
1990	미국·모하베	275 kW	340
1991	미국·모하베	275 kW	300
1993	영국·웨일즈	300 kW	103
1998	미국·뉴진	600 kW	69
1999	미국·모하베	600 kW	30
2001	미국·텍사스	1 MW	50
2002	미국·오레곤	600 kW	42

비쓰비시 풍차인 MWT 250은 로터 지름 28미터, 정격 출력 250 kW의 블레이드 3장의 수평축형 풍차로, 강구조, 정속(定速)운전 시스템이다. 강(剛)구조란, 블레이드의 밑바탕(하브)을 로터 축에 리지트(고정적)장착하는 구조를 이른다. 설계상으로는 고전적이지만 튼튼하고 안정감이 높다. 출력은 현재 275 kW(다쓰비)와 300 kW(웨일즈)로 향상되었다.

컷인 풍속의 매초 4미터, 컷 아웃 풍속의 매초 24 미터는 표준적인 설계값이고, 또 정격 풍속이 매초 약 13 미터라는 값은 연간 평균 풍속이 매초 8미터에서 10 미터 정도인 호풍속 지대용의 것이다. 실제로 수출선인 하와이섬 사우스포인트의 연간 풍속은 매초 8.3 미터이고, 캘리포니아의 테하차피는 매초 8.9 미터로 알려져 있다.

250 kW급의 중형기에 표적을 맞춘 미쓰비시 중공업은 뉴선샤인 계획에 참여하여 500 kW급의 대형기를 개발하고, 그 개발 경험을 바탕으로 1000 kW 상업기도 개발하였다.

(3) 낙도에서의 이용을 노리는 큐슈(九州)전력

큐슈의 도서지방에서는 발전 단가가 높기 때문에 큐슈전력은 일찍부터 풍력발전에 기대를 걸어 왔다. 지나(知名) 풍력발전소를 시험 운전한 후에 1990년부터는 연간 평균 풍속이 6.8미터인 가고시마현 고시끼섬에 MWT 250 기를 설치하고, 현재 무인 실증 운전을 하고 있다. 큐슈 전력이라는 큰 거래처와의 만남은 미쓰비시 중공업에게 있어서 풍력기술을 발전시키는데 큰 기회였다고 한다.

고시끼섬은 동지나해에 떠 있는 최대 폭 11킬로미터, 길이 38 킬로미터, 넓이 102 평방킬로미터의 길다란 군도로, 인구는 약 8700 명이고, 미국의 하와이섬에 못지않게 북동풍이 탁월한 곳이다.

풍차의 운전 실적은 1990년 3월부터 93년 6월까지 총계 13350 시간 운전하여 140만 6923 kW/h의 발전 전력량을 기록하였고, 평균 풍속은 매초 6.41 미터, 설비 이용률은 19.5 퍼센트였다.

6.4 일본 각지의 건설 실적

(1) 닷비(龍飛)의 윈드 파크

일본 본토의 북쪽 끝자락에 위치한 아오모리(青森)의 쓰가루해협에 인접한 지역은 해협을 휩쓸고 지나가는 강풍이 유별난 곳이다. 연간 평균 풍속이 매초 10 미터에 이르기 때문에 세계적으로도 강풍지대의 하나로 꼽히고 있다. 도호꾸(東北)전력은 이와 같은 지점에 눈을 돌려, 1988년에 시리야곶(尻屋岬)에 야마하 발전동의 소형

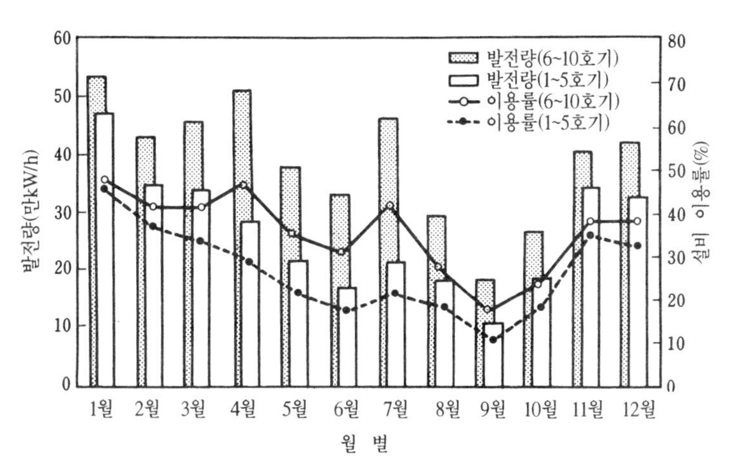

그림 6.7 닷비 윈드 파크의 운전실적(1996년)

표 6.6 닷비 윈드 파크의 풍력발전 시스템

메 이 커	미쓰비시 중공업	미쓰비시 중공업
풍차 형식	프로펠러	프로펠러
정격 출력	275 kW	300 kW
정격 풍속	13.0 m/s	14.5 m/s
컷인 풍속	5.5 m/s	5.5 m/s
컷아웃 풍속	24.0 m/s	24.0 m/s
로터 지름	28 m	29 m
하브 높이	30 m	30 m
로터 회전수	43 rpm	43 rpm
출력 제어	피치 제어	피치 제어

풍차를 설치하고, 시험 연구를 시작하였다. 그리고 1991년에는 닷비에 미쓰비시 중공업의 275 kW기 5대를 도입하여 일본 최대의 윈드 파크를 건설하였다.

도호꾸(東北)전력이 닷비 윈드 파크에 설치한 미쓰비시 중공업제의 275kW 및 300kW 풍차(각 5대)의 시방은 표 6.6과 같고, 1996년의 운전 실적은 그림 6.7과 같다. 1월의 설비 이용률은 평균하여 46.9 퍼센트의 높은 값을 기록하였다.

또 새로운 풍차 5대(300 킬로와트기)는 구형보다도 높은 설비 이용률을 나타내고 있는 것으로 미루어 보아 같은 지역에서도 지형의 영향에 따라 기류가 다르고 풍차 자체도 성능이 향상되었다는 것을 추측할 수 있다.

닷비 윈드 파크의 실증 시험에서 특히 귀중한 경험이 된 것은 소음문제였다. 유럽이나 미국에서는 소음이 풍차 보급의 한 가지 장해 요소이지만 인구가 밀집된 곳이 많은 일본에서는 더욱 착실한 대책이 요망되었다. 이제까지의 계측 결과로는, 인근 민간에 대한 소음 수준이 환경기준을 충족시키는 것이었다. 그러나 소음 중에서도

그림 6.8 닷비의 윈드 파크

기계소리, 특히 증속기의 소음이 큰 문제이므로, 그 대책으로 증속기의 진동이 블레이드나 타워에 전달되지 않도록 진동 절연을 하는 등의 개선책이 요구되고 있다.

윈드 파크와 같은 집합 설치의 효율성을 나타내는 것으로서, 출력의 평준화 효과도 실증되었다. 출력 변동을 분산의 크기로 보면, 1대인 경우에는 58.8 퍼센트에 이르던 것이 5대인 경우에는 15.4 퍼센트까지 떨어졌다. 이 실적으로 미루어, 출력 변동은 집합 설치함으로써 설치 대수에 반비례하여 감소하는 것으로 기대된다.

(2) 이쓰모(出雲)의 풍차

시마네(島根)현 동부에 위치한 이쓰모시는 옛날부터 바람이 강한 곳으로 알려져 왔다. 풍차건설 부지에 대한 1988년의 관측 데이터에 의하면, 풍차의 타워 높이에 상당하는 지상 15 미터 높이에서 연간 평균 풍속은 4.3 미터였지만, 겨울철 11월부터 2월까지의 4개월 동안에는 월 평균 풍속이 매초 5.7에서 7.2 미터 범위의 바람이 기록되었다.

이와 같은 자연을 배경으로, 이쓰모시는 지역 특유의 자연 에너지를 활용하여 바람의 부정적 이미지를 새로운 자원으로 전환시켰다. 1992년 4월에 15 미터 지름의 야마하 풍차 2 대를 건립하였다. 연간 평균 풍속을 4.3 미터로 예측하여, 연간 78000 kW/h의 발전량을 기대하였고, 92년도 실적에서는 그 58 퍼센트인 45285 kW/h를 달성하였다.

발전하는 전력은 이쓰모시의 위생처리 설비로 송전한다. 이 위생처리 설비의 사용 전력은 시간당 평균 326 kW/h이고, 연간으로는

표 6.7 다찌가와 윈드 파크의 발전 실적

월	총 발전량 (kW/h)	평균 발전 시간(hr)	평균 출력량 (kW)	매전량 (kW/h)	자가 소비량 (kW/h)
4월	18,285	141.1	43.0	16,875	1,410
5월	13,037	171.7	24.6	12,307	730
6월	18,265	134.7	45.2	16,936	1,329
7월	49,105	355.5	46.0	47,192	1,913
8월	32,196	209.1	52.4	30,916	1,280
9월	19,772	175.6	37.6	17,850	1,922
계	150,660	198.0	41.5	142,076	8,584

317만 kW/h이다. 따라서 풍력발전은 전체 전력의 2.5퍼센트를 감당하는 셈이 된다. 불과 2.5퍼센트에 지나지 않지만 실용성, 관광자원적 측면에서 수백 배의 효과를 거두고 있다고 한다.

(3) 다찌가와마찌의 풍력개발

일본 동부지방의 야마가다(山形)현 다찌가와마찌(立川町)는 봄철에서 가을에 걸쳐 동남풍이 강하고, 일본 전국이 바람이 약한 여름철에도 월 평균 풍속이 7미터 가까이나 되는 곳이다. 또 겨울철에는 월 평균 풍속이 매초 6~7미터대의 서북서 계절풍이 분다.

이 다찌가와마찌는 이제까지는 농업에 대한 재해와 화재 등, 바람으로 인한 피해만을 생각하였지만, 발상의 전환을 하여, 강풍을 이용한 '풍차촌을 구상'함으로써 도시의 활성화를 모색하게 되었다. 그리하여 심볼 풍차와 풍력발전 시험 시설을 건설하기로 하고, 바람의 온천, 온수 풀을 만들기도 하였다. 또 전력을 생산·판매하기 위한 대규모의 윈드 파크를 조성하고, 1993년 3월에 현재 세계 최대의 실적을 가지고 있는 미국 USW(US 윈드파크)사의 100 kW 풍차 3대를 도입하였다.

이 풍차는 지름이 18미터, 풍속 13미터 매초에서 정격 출력 100 kW를 발생한다. 블레이드 3장의 다운 윈드형 로터 배치이다. 이 풍력발전 설비는 조명, 자연실습관의 전원, 배터리 카의 충전에 이용하고, 잉여 전력은 도호꾸 전력에 판매하고 있다.

(4) 도쿄(東京)전력의 재도전

도쿄전력은 지난날 선샤인 계획에 참여하여 NEDO의 위탁을 받

그림 6.8 도쿄전력의 300 kW 풍력기

고 1982년부터 88년까지 미야께(三宅)섬에서 NEDO 100kW 풍차를 시험 운전한 경험을 가지고 있다. 그 당시 독자적으로 벨기에제의 HMZ기를 수입하여 1985년부터 87년에 걸쳐 실증 운전을 하였다. 이 풍차는 정격 출력이 150kW, 로터 지름 22미터의 3장 블레이드, 업다운형으로, 당시는 국제적으로 실용성이 높은 풍차로 평가되었다. 하지만 이 HMZ기는 일본의 풍향에 적응하지 못하여 운전 실적이 적었다. 즉 풍력 이용의 실증으로 이어지지 못하였다.

이 때 도쿄전력으로서는 귀중한 교훈을 얻었다. 즉 해외에서 아무리 많은 실적을 가지고 있는 풍차일지라도 변덕스러운 일본의 기상 조건에서는 제대로 적용되지 않는다는 것을 알았다. 또 한 가지는 연구 단계에서는 물론이거니와 실증 단계의 풍차 연구에서도 늘 기술적인 감시태세의 준비가 필요하다는 것도 중요한 교훈이었다.

지구 환경문제가 세계적으로 큰 이슈가 되자 도쿄전력은 다시 풍력 개발에 도전하여, 지바현 도미쓰(富津)의 화력발전소 구내에 도미쓰 신에너지 파크를 오픈하였다. 이 곳에는 태양광 발전이 있는 태양의 공원, 심벌이 되는 풍차를 설치한 바람의 공원, 그리고 연료전지를 이용하는 신에너지관이 들어서 있다.

이 심벌 풍차는 풍력발전의 실증 연구용으로도 사용되고 있다. 출력이 300kW이고 수평축형이며, 로터 지름은 29.6미터의 업 윈드 로터 배치이다. 티타드 하브를 채용하고 있는 점이 이 풍차의 가장 큰 특징이다. 응력 완화기구로서의 티타드 하브를 중형기에 적용한 예는 개발중인 야마하의 100kW 풍차에 이어서 일본에서 두 번째이다. 개발자는 하브부의 최대 응력을 약 25 퍼센트 경감할 수 있다고 평가하고 있다.

표 6.8 도마리 윈드힐스 풍력발전소의 풍차 시방

		1호기	2호기	3, 4호기
풍차	형식	프로펠러형	프로펠러형	프로펠러형
	로터 배치	다운윈드	업윈드	업윈드
	정격출력(kW)	250	300	275
	정격회전수(rpm)	60.8/41	54	43
	컷인 풍속(m/s)	4.5	5.0	5.0
	컷아웃 풍속(m/s)	20.0	25.0	24.0
	정격풍속(m/s)	11.0	13.0	12.9
	블레이드 장수	1	2	3
	블레이드 지름(m)	33	30	28
	타워 높이(m)	33	30	30
	블레이드 재질	GFRP·GFRP	GFRP	GFRP
발전기	형식	유도발전기	유도발전기	유도발전기
	정격 출력(kW)	250/55	300	275
	정격 전압(V)	380	400	400
	정격 회전수(rpm)	1500/1000	1500	1500
제어	피치 컨트롤	있음	있음	있음
	요제어	있음	있음	있음
티타드 하브기구		있음	있음	없음

도미쓰는 바다에 접한 평탄한 지형이므로 풍차 부지로는 양호한 지역이며, 연간 평균 풍속은 6.43 미터 매초이다. 그리고 연간 발전량은 45만 kW/h, 설비 이용률은 17 퍼센트로 예측하고 있다. 이 풍차의 정격 풍속은 13 미터 매초이므로 연간 평균 풍속이 8 미터 매초 이상인 지역에서 운전한다면 발전량과 이용률 모두 많이 늘어날

것으로 예상된다.

(5) IHI-130 kW 풍차

도미쓰 신에너지 파크의 풍차는 일본의 기상조건을 고려하여 설계된 이시가와시마나리마(石川島播磨)중공업제의 IHI-300 kW 풍차이다. 2장 블레이드, 티타드 하브를 채용하고 있다.

이시가와시마나리마 중공업은 선샤인계획에 따라 NEDO-100 kW기를 설계·제작하였고, 또 1 MW급 대형기의 개념 설계와 요소 설계 및 요소의 시험제작 실험을 하였다. 이 300 kW기는 그 경험이 활용되었다. IHI-300 kW기는 북해도에 1대가 설치되어 있으므로 합계 2대가 운전 중에 있다.

(6) 혹까이도 전력의 도마리(泊) 윈드힐스

1993년 11월에 혹까이도 전력은 세끼단 반도의 하꾸무라에 도마리윈드힐스를 건설하여 풍력발전의 실증 시험을 시작하였다(표 6.8 참조). 이 프로젝트가 매우 흥미로운 점은, 도입한 3종의 풍차의 출력은 250~300 kW로 거의 같은 규모이지만 블레이드 장수가 각각 1장, 2장, 3장으로 다른 것이다. 블레이드 1장의 풍차는 이탈리아의 리바칼소니사의 M30-A 풍차이고, 블레이드 2장의 풍차는 이시가와시마나리마 중공업제, 3장 블레이드는 미쓰비시 중공업이 제작한 풍차이다. 이렇게 각각 다른 풍차를 도입한 의도는 단순한 성능 비교만을 위한 것이 아니라 특징을 살린 풍차를 개발하기 위한 숨은 뜻도 포함되어 있다.

6.5 늘어나는 풍력 도입

(1) 중부전력의 베끼난 토피아 풍력발전

중부전력은 베끼난단 토피아 풍력발전소를 1992년 2월에 건설하였다. 이 곳에는 풍력 외에도 태양광 발전설비와 PR관도 설치되어 있으며, 풍차는 미쓰비시 중공업제의 250kW기이다.

베끼난 토피아의 개관 시간대에만 운전하기 때문에 본격적인 주야 운전시간의 절반도 운전하지 못하는 셈이다. 그러나 1년간에 12만2000kW/h의 전력을 생산하였다. 이 실적으로 미루어 보아 주야 연속 운전을 한다면 연간 30만7000kW/h, 설비 이용률 14퍼센트를 예측할 수 있다.

이 지역의 월 평균 풍속은 최저 4미터 매초(7월)에서 최고 8미터 매초(2월) 범위이고, 연 평균으로는 약 6미터 매초를 예상하고 있다. 따라서 현재의 풍차를 이용한다면 좀더 강풍지대로 옮기거나 혹은 지역을 고수한다면 정격 풍속이 매초 8~10미터의 풍차를 선정하는 것이 보다 높은 설비 이용률을 기대할 수 있고, 발전 단가도 경감될 것으로 예측되고 있다.

(2) 세도마찌의 점보 풍차

에히매현의 세도마찌도 관광과 농업을 겸한 청정 에너지 이용을 위하여 풍차공원을 만들었다(1991년 3월).

풍차는 미쓰비시 중공업제의 100kW기(지름 28미터)로, 양액(養液)재배용 모델 온실과 농업 활성화센터에 전력을 공급하고 있다.

이와 같은 도입은 농업을 표적으로 하면서도 다양한 이용을 모색하는 것인데, 이는 마치 개개의 농가가 1대, 2대로 점차 이용을 넓혀나간 덴마크의 스타일을 연상시키고 있다.

이 세도마찌의 연 평균 풍속은 매초 6.7미터이고, 풍차의 정격풍속은 9.3 미터 매초이므로 균형이 잡힌 이용이라 할 수 있다.

(3) 마쓰도 해변공원 발전소

이 곳에는 덴마크에서 수입한 Micon사제의 3장 날개, 100 kW(지름 19.8 미터)가 돌고 있다. 1993년 3월에 마쓰도(松任)시가 약 4 kW의 태양광 발전설비와의 하이브리드 시스템으로 건설하였다. 마쓰도 해변공원의 연간 풍속은 매초 4.5 미터로 별로 높은 편이 아니다. 한편, Micon사(현재는 NEG-Micon사)는 세계적으로 유력한 풍차 메이커이고, 근년 특히 일본에는 많은 풍차가 도입되었다.

6.6 일본의 남극풍차

1978년 여름, 나가가와(神奈川)공과대학의 도리이(島居亮)교수는 해발 2996미터나 되는 호다까(穗高)산장에서 어렵게 바람을 제어하고 있는 풍차를 목격했고, 그 4년 후에 호다까 산장과 공동으로 연구를 시작하였다. 산장 휴게소의 전력 피크는 등산 시즌인 여름철이지만, 여름에는 바람이 약하고 공기의 밀도 역시 해발 3000

미터 지점에서는 평지의 70 퍼센트 정도에 불과하다. 때문에 약풍에서도 잘 돌도록 제작한 풍차는 악천후 때 매초 25 내지 30 미터의 돌풍을 견디지 못하고 블레이드가 파손되는 사고가 빈번했다.

그래서 탄생한 것이 자연 에너지의 현명한 이용방법, 즉 청명한 날에는 바람이 약하고 악천후 때에는 바람이 강한 산악지대의 기상 조건을 효과적으로 활용한 풍력과 태양광의 하이브리드화였다. 현재 풍력발전으로 2.6 kW, 태양광 발전으로 1.5 kW의 시스템으로 여름철 풍력의 약점을 보완하고 있으며, 그 결과 산장의 연료 소비량은 5분의 1 이하로 감소했다.

시라마(白馬)연봉의 시라마시리장과 덴꾸산장도 풍력, 수력, 태양전지 등의 자연 에너지를 이용하고 있다. 산악성 기상 조건에서 다져진 풍력기술은 드디어 극한 남극으로까지 뻗어 나갔다.

(1) 폭풍이 휘몰아치는 남극

대기 성층권의 오존층 파괴현상, 즉 오존홀이 해마다 확대되고 있는 남극에서는 혹한 속에서 많은 나라들이 각기 기지를 설치하고 연구활동을 계속하고 있다.

일본은 남극에 아스까 기지를 운영하고 있으며, 퀸모우랜드 내륙 150 킬로미터 지점에 위치하고 있다. 그 곳의 표고는 약 900 미터이고, 두께가 약 600 미터나 되는 설빙의 퇴적반 위에 지어진 이 기지를 휩쓰는 블리서드(blizzard)는 순간 최대 풍속이 매초 45 미터를 기록하고, 10 분간 평균으로도 매초 34미터, 연간 평균 풍속은 매초 13 미터나 된다.

이 바람을 이용하기 위한 풍력발전 시도는 남극에서만 15회나 반복되었지만 가혹한 자연환경 때문에 트러블이 잦아 좋은 성적을 남기지 못하였다. 강풍으로 인한 사고로는 블레이드의 파손, 꼬리날개의 탈락, 심지어는 풍차 자체의 전도까지 다양했다. 영하 48도에 이르는 혹한에서는 윤활유가 얼어 로터의 회전이 불가능하고, 배터리 전해액의 동결, 전선 케이블의 단선 등도 자주 발생했다.

⑵ 팀워크로 어려움 극복

이와 같은 가혹한 운전 조건에도 견디는 남극 풍차를 개발하기 시작한 것은 1988년 벽두에서부터였다. NEDO 100kW 풍차 개발에도 참여한 세끼덴꼬(關電工)가 계획하고, 가나가와 공과대학의 설계그룹, 제작을 담당한 스미또모(住友)정밀, 기상 데이터를 가진 일본의 국립극지연구소, 그 밖에 와세다대학, 도쿄 공예대학의 협력으로 개발팀이 결성되었으며, 설계의 기본은 '가능한 한도에서 심플한 구조'로 하기로 하였다.

그림 6.9 남극의 풍차

풍차의 블레이드는 2장, 업 윈드형 풍차이고, 로터 지름은 2미터, 하브 높이 6미터이다.

일본의 남극 아스까 기지에서는 풍향이 동남풍과 남남동으로 집중되어 있으므로 로터의 방위각은 고정되어 있다. 물론 기초부에서 수동 조정은 가능하다.

강풍 대책으로 취한 조치는, 설치 피치각을 30도로 고정한 것이었다. 그 결과 정격 출력 1kW, 최대 1.8 kW의 운전을 컷아웃 풍속 없이, 즉 어떠한 강풍에도 풍차를 정지함이 없이 운전할 수 있게 되었다.

1991년 1월 14일에 운전을 시작한 이 풍차는 같은 해 12월 15일에 기지를 철수하기까지 약 1년동안 고장도 없이 운전을 계속하여 약 10명에 이르는 일본 월동 대원에게 필요한 전력의 10 퍼센트를 공급하였다.

6.7 일본의 풍력발전 기술혁신 능력

유럽의 풍력발전 기술을 보면, 그 기술개발 방향은 두 가지로 나눌 수 있었다. 하나는 각각 그 지역에 전통적으로 뿌리를 둔 토착기술 혹은 지연(地緣)기술을 바탕으로, 생산 현장의 의견을 중시하고, 과학자와 엔지니어가 생산 현장과 같은 입장에 서서 기술개발을 추진해 나가는 보텀업형이었고, 다른 하나는, 최첨단의 연구를 하고 있는 과학자가 주도하고, 정부와 대기업이 중심이 되어 개발을 추진해 나가는 톱다운형이었다. 덴마크는 보텀업형을, 독일과 네덜란드,

미국 등은 톱다운형 개발을 추진하여 왔다.

일본의 풍력발전 기술개발은 아마도 보텀업형과 톱다운형을 절충한 방향이었다는 것이 적절한 표현일 것 같다. 제2차 세계대전 이전의 양수나 관개를 위한 풍차는 분명한 토착 혹은 지연 기술이었다. 그러나 다른 한편, 군부와 정부 당국에 의한 풍차기술 개발은 유럽까지 연구원을 파견하는 등, 틀림 없는 톱다운형이었다.

패전 후에 보텀업형 기술개발의 전형적인 예는 야마다 풍차였다. 대학 등에서 전문적인 교육도 받은 적이 없는 야마다(山田)가 독자적으로 개발을 했고, 그것이 큰 성공을 거둔 것은 지연적인 기술 축적이 얼마나 유용한 것인가를 보여 주는 좋은 예라 할 수 있다.

한편 선샤인계획 이후, 정부 주도로 추진된 풍력기술 개발은 톱다운형의 전형적인 예였다. 대기업에 의한 개발도 정부의 육성정책과 적지 않은 관련을 가지고 있으며, 톱다운형의 일환이라 할 수 있다.

바람 토피아 계획 무렵에는 야마 다풍차가 연구 대상으로 채택되어, 보톰업형 기술개발과 톱다운형의 기술 개발간에 교류가 있었다. 그러나 그 후의 선샤인 계획과 뉴선샤인 계획에 이르러서는 이 교류가 단절되었다.

유럽의 사례를 되돌아 보면, 풍력이라는 자연 에너지를 이용함에 있어서 반드시 거액의 공적인 연구비를 투입한 톱다운형의 과학 지향적 개발이 성공한 것은 아니었다. 가장 성공한 덴마크의 풍력발전 산업의 예를 보아도, 극히 최근까지 보텀업적인 기술 개발의 방향성을 가지고 있었던 것이 명백하다.

보톰업형과 톱다운형이 공존하는 일본의 풍력 발전기 산업이 현재 시점에서 성공을 거두었다고는 표현할 수 없다. 더욱이 메가와트급의 대형 풍력 발전기 분야는 여러 측면에서 고도의 기술이 요구되므로 지연적인 기술이 파고들 여지는 얼마 되지 않는다.

그러나 일본의 제조업은 역사적으로 보아 제조 현장에서 자잘구레한 개량을 쌓아 나가는 기술혁신이 장기(長技)인 특징이 있다. 일본적인 생산방식은 대기업이라 할지라도 사내(社內)에서는 보틈업적인 성격이 강하며, 그러한 토착적인 힘이 일본의 국제 경쟁력을 지탱하여 왔다고 하여도 과언이 아니다.

앞으로 이 일본적인 생산방식에 의해서, 일본의 풍력 발전기 산업이 성공할 가능성은 적지 않다. 또 공적인 지원도 기술개발을 지원하기 보다는 시장 개발을 지원하는 쪽으로 전환할 것으로 전망된다.

기술개발 지원에서 시장개발 지원으로, 공적인 지원을 전환한 후에 국내 시장이 폭발적으로 확대되었고, 그와 더불어 풍력 발전기 사업도 크게 성장한 독일의 예를 일본은 소중한 교훈으로 알고 있다.

Chapter 7

풍력발전의 기술혁신

7.1 풍력기술의 장래 전망

(1) 90년대의 풍력기술

1980년대에 캘리포니아주의 선구적인 윈드 팜 건설을 거친 후 1990년대에 이르자 현대 풍차는 세계적으로 실용화 단계에 접어들었다. 유럽에서는 90년대 초에 목표로 정했던 "2000년까지 4,000 MW 규모의 풍차"가 실제로는 그 2배가 되는 8000 MW를 돌파하는 기세로 늘어났다. 덴마크 등의 풍력 선진국에서는 전력 수요의 10 퍼센트를 풍력으로 감당하는 시대를 맞이하고 있다. 또 근년에는 유럽과 미국 중심에서 아시아, 아프리카, 중남미로 풍력의 물결은 확산되고 있다. 특히 인도의 개발은 그 전형이라 할 수 있다. 하지만 앞으로 전력 수요가 크게 늘어날 개발도상국을 포함하여, 전 세계의 풍력 개발 규모는 아직 불충분한 편이다.

풍력의 궁극적인 사명은, 낮은 에너지 밀도와 불규칙성이라는 결점을 극복하여, 깨끗하고 재생 가능한 에너지로서의 장점을 질적으로나 양적으로 최대한 발휘하는 데 있다. 이를 위하여 유럽과 미국 등, 여러 나라들은 윈드 팜의 보급 촉진과 대형 시험기 개발을 추진하여 왔다. 풍력 에너지는 양적으로 공헌할 수 있어야 비로소 그 진가를 발휘할 수 있기 때문이다.

현대의 풍력 이용은 바람은 강하지만 난풍(亂風)이 적은 지대에서부터 발전하였다. 캘리포니아의 패스(산간의 바람이 지나는 길목)와 북해 연안의 지형이 평탄한 나라들이 먼저 풍력발전의 선구자가 되었다. 자동차에 비유한다면, 포장된 고속도로를 달린 셈이다. 그러나 전 세계에는 포장이 되지 않은 황야와 산길이 헤아릴 수 없이 많다. 자동차 기술은 오랜 세월에 걸쳐 이렇게 험난한 조건 아래서도 달릴 수 있는 자동차를 생산하였다. 풍차는 이제부터 진정한 게임이 시작되었다고 하여도 과언이 아니다. 스페인이나 이탈리아, 일본처럼 강한 난풍이 몰아치는 산악성 기상조건 아래서도 무인으로 안심하고 운전할 수 있는 신뢰성이 높은 시스템으로 성장해 나가는 것이 숙제이다.

지구의 환경문제를 해결하는 데 있어서 풍력이 그 유력한 에너지 자원이라는 사실을 수긍한다면, 지금 필요한 과제는 다음 세 가지로 압축할 수 있다.

① 상업적 풍차의 선진적인 도입 촉진(예 : 독일의 250 MW 계획에서는 운전 데이터 획득에 완벽한 노력을 쏟고 있다).

② 차세대 기술의 육성(정부 차원에서의 산악, 낙도, 해상용 풍차

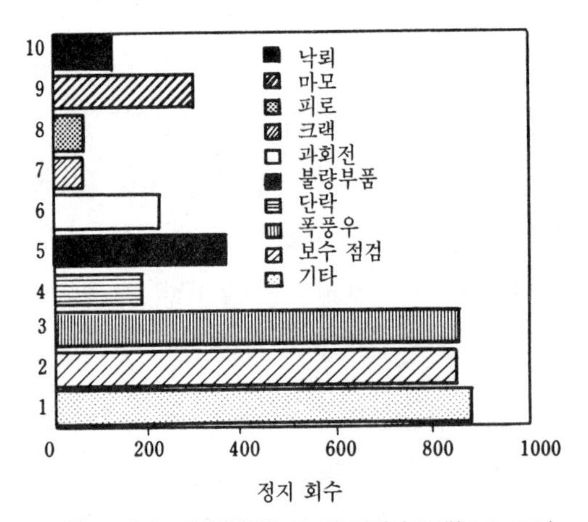

그림 7.1 덴마크의 풍력발전 시스템 정지의 통계(1990~1991)

출처 : Windpower Monthly 1990~1991

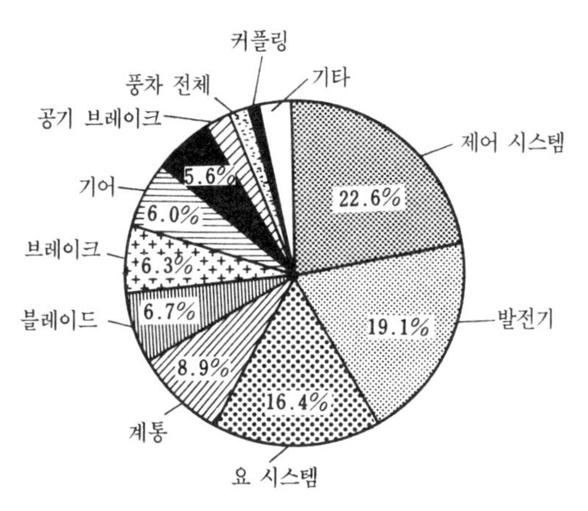

그림 7.2 시스템 고장의 부분별 발생 비율

에 필요한 기술 개발과 연구기관·대학에서의 기초 연구).

③ 풍력기술의 사회 시스템화 기술의 육성(불규칙성 등의 결점을 사회적인 에너지 시스템 전체가 해결하는 시스템화 기술의 본격적인 개발).

(2) 상업적 풍차의 운전실적

덴마크는 풍차를 운전한 데이터 통계를 매월 발표하고 있으며, 그 통계를 통하여 상업기의 기술 실태를 알 수 있다.

그림 7.1은 1990~91년의 10개월간 덴마크에서 풍력발전 시스템이 정지한 건수의 데이터를 종합한 것이다. 총수 3929건 중에서 폭풍(22 퍼센트), 정기 점검(22 퍼센트), 불량 부품(9 퍼센트), 마모(8 퍼센트), 과회전(6 퍼센트), 단락(5 퍼센트), 낙뢰(3 퍼센트) 등으로 되어 있다. 이 당시의 덴마크 풍차 대수는 약 3000대였으므로 1기

가 한 해에 약 1회의 빈도로 정지한 셈이 된다.

또 그림 7.2는 부분별 고장에 관한 집계이다. 4단계(전면적 파손, 큰 손상, 작은 손상, 검지되지 않은 손상)로 27, 9, 3, 1의 무게를 두고 정리하면, 제어 시스템, 발전기, 요 시스템, 계통, 블레이드 순이 된다. 상업기라 할지라도 풍차는 아직 많은 요소와 제어시스템의 개선이 필요하다는 것을 시사하고 있다.

우리나라 풍력발전 사업현황(예정)(단위 : kW)

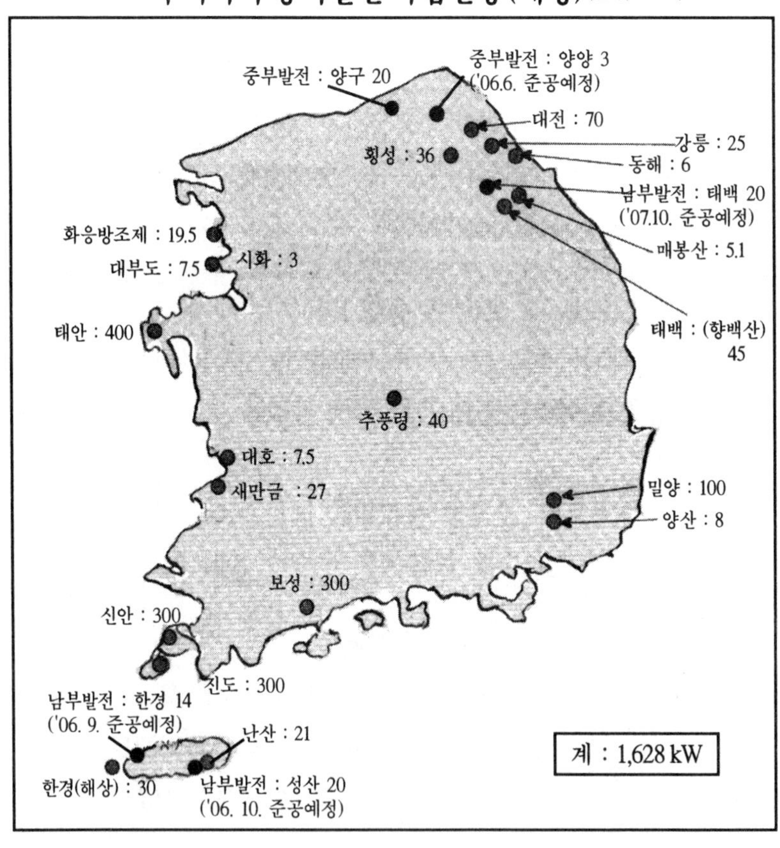

발전회사별 풍력발전 사업현황(RPA기준)

(단위 : kW)

회사별	발전소별	위치	시설용량	투자비(억원)	제작사	준공년월일	비고
남동	영흥, 삼천포 예천	–	14MW	245	–	('08.12)	건설타당성 조사용역중
중부	강원풍력 양구풍력	양양 양구	14.7MW 20MW	56.7 460	–	('06.10) ('08.6)	강원풍력 15%지분참여 (14.7MW)
서부	태안, 서인천 군산	–	9MW	200	–	('08.12)	타당성조사중
남부	한경풍력1 한경풍력2 성산풍력 태백풍력 평창풍력	제주 제주 제주 태백 평창	1.5MW×4대 14MW 20MW 20MW 20MW	 287 423 444 474	NEG-Mcon(덴) – – – –	('04.2) ('06.9) ('06.10) ('07.10) ('08.10)	
동서	–	새만금, 충남대호, 석문	50MW	1,128	–	('08.12)	타당성조사중
한수원	고리풍력		0.85MW	32		('07.12)	
계			188.55MW				

정부 보급계획 및 실적

구분	발전원		2003	2004	2005	2006	2007	2008	2009	2010	2011	2012	합계
전력	풍력	계획	17	40	55	105	120	200	300	300	550	550	2,237
		실적	14	54	28	2							

제어 기술, 요소 기술의 개량과는 별도로, 피로문제가 큰 관심사이다. 시스템의 내용 연수는 투자금의 회수와 직접 연동되기 때문에 발전 코스트의 절감, 더 나아가서는 다른 에너지 자원과의 경쟁에 이기기 위해, 재료개발 뿐만 아니라 혁신기술의 연구 개발이 활발하게 이루어지고 있다.

7.2 EC 여러 나라의 주울(JOULE) 계획

EC 여러 나라의 국가 차원의 풍력 개발과는 별도로, EC 정부에 의해서 비원자력 에너지 분야의 장기적, 다국간 연구 개발 프로그램이 있으며, 1991년부터 1994년까지의 계획을 주울II라고 한다(표 7.1 참조). 주울 계획에는 풍차 제조업자, 전기사업자, 국립 연구기관, 대학에서 다수가 참가하였으며, 다음과 같은 사항에 역점을 두고 있다.

① 혁신적인 대형 풍차의 개발 : 현재의 최대급 상업기는 400~500 kW 출력 규모이지만 혁신적·경량 개념의 대형 풍차는 중

그림 7.3 하이델베르크 모터스의 기어레스 풍차

표 7.1 주울계획의 대형기 개발

개발자	파트너	형식	지름 (m)	출력 (MW)	블레이드 장수	제어	로터 회전수	혁신기술
Nordic WP(SE)	Flender(DE) Vattenfall(SE)	H	52	1.0	2	실속	가변속	실속제어/가변속/티타드 하브/2장 블레이드/소프트 요의 조합
Enercon (DE)	Aerpac(NL)	H	55	1.0	3	피치	가변속	기어레스, 신형 발전기, 개별 피치 조정
Nedwind (NL)	G.H.(GB) Stork(NL) ECN(NL)	H	52.6	1.0	2	실속	정속 2단	최적 실속 제어 특성, 티타 없음, 2단 속도
WEG (GB)	Pfleiderer(DE)	H	50	1.0	2	피치	가변속	2장 블레이드/티타드 하브/가변속/피치 제어의 조합
Heidelberg Motors (DE)	Union Fenosa (ES) RWE(DE) WIP(DE) NTUA(GR)	V	64	1.2	2	실속	가변속	기어레스, 신형 발전기
Bonus (DK)	TUD(DK) LM(DK) Flender(DE) Anmu(DE) RISO(DK) G.H.(GB) Elsam PR(DK)	H	50	0.75 /1.0	3	실속	정속	혁신 너셀, 신블레이드, 소음 경감용 최적 선단 날개형
Vestas (DK)	Siemens(DE) Hansen(BE)	H	55	1.0	3	피치	가변속	새 날개형, 신피치 제어

주 1: BE=벨기에, DE=독일, DK=덴마크, ES=스페인, GB=영국, GR=그리스, NL=네덜란드, SE=스웨덴
주 2 : H=수평축형 풍차, V=수직축형 풍차

기적(中期的) 관점에서는 경제성이 높고, 또 보다 높은 토지의 이용 효율을 초래한다.

② 포괄적인 풍력 연구 개발 : 로터의 설계·개발·시험, 전력 변환 시스템, 공기역학, 설계기법, 재료 및 피로, 구조 하중 및 표준, 윈드팜의 계통 연계, 운전과 환경문제 등, 8개 항목에 관한 미해결 혹은 새로운 기술 과제를 목표로 하고 있다.

③ 계통 연계기술 : 약소 계통에의 연계, 대계통에의 연계, 운전 제어를 위한 풍황 예측 등의 기술개발.

주울II계획 중에서 대형기의 개발은 WEGAII 프로그램으로 추진되고 있다. 기술적으로나 경제적으로 유망하다고 생각되는 다양한 개념을 투입한 대형기이다.

표 7.1의 리스트로도 알 수 있듯이, 모두 로터 지름은 50 미터 이상, 출력은 1 MW 급이다. Bonus기를 제외하면 다른 것은 모두 가변속 시스템 혹은 2단 변속 시스템이다. 혁신 기술로서는 티타드하브, 기어레스, 신형 발전기, 저소음 신형 날개형 등을 들 수 있다.

그림 7.3의 수직 다리우스 풍차는 하이델베르크 모터스의 기어레스 풍차의 중형기이고, 대형기인 WKA60II(1.2 MW, 3장 블레이드)의 시험 사이트, 독일 북부의 카이저빌헤름 쿠크에서 운전 시험되고 있다. 이 시스템이 이 회사 대형기의 원형이 되었다.

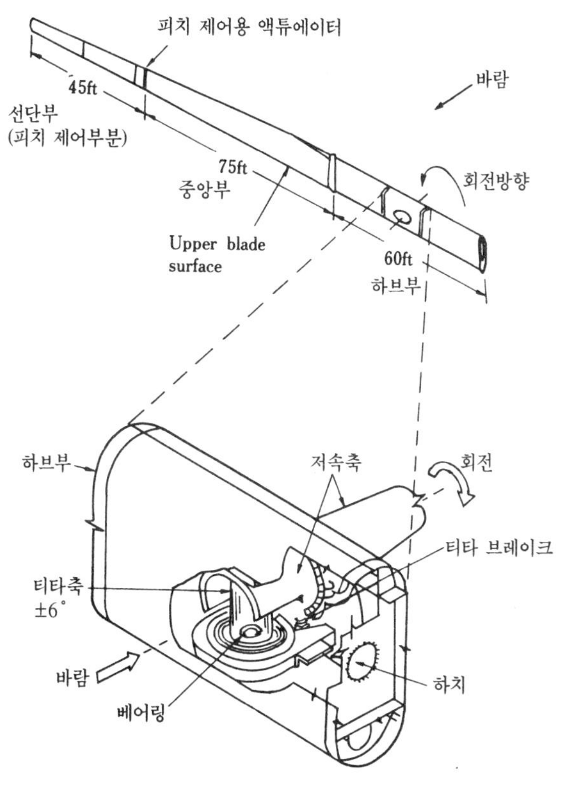

그림 7.4 MOD-5B의 티타드 하브구조

7.3 WINDMEL 풍차에서의 혁신기술 시험 연구

(1) 티타드 하브기구

일본의 기계기술연구소에서도 주울 계획과 비슷한 혁신기술의 시험 연구를 실시하고 있다. 혁신기술을 적용한 WINDMEL 풍차가 그것인데, 이미 1987년부터 여러 측면에서 연구가 진행되고 있다.

혁신기술의 하나인 티타드 하브기구에 대하여 살펴 보면, 티타란 영어로 시소 운동한다는 의미이다. 하브란 블레이드를 로터축에 장착하는 부분, 따라서 티타드 하브기구란, 블레이드를 시소처럼 흔들흔들 요동하도록 장착한 하브기구이다. WINDMEL 풍차에서는 2장의 블레이드가 한 쌍이 되어 시소 운동을 한다. 이것은 일종의 버들잎 사상인데, 강풍에는 정면으로 거스르지 않고 비키게 된다.

이와 같은 기술은 이미 헬리콥터의 로터에도 이용되고 있고, 풍차에서는 하와이에서 지름 99미터의 대형 풍차, MCD-5B기 등에도 채용되고 있다(그림 7.4).

직경이 99미터나 되는 대형기가 되면, 블레이드가 상공을 회전하고 있을 때와 지상 가까이를 회전하고 있을 때와는 받는 바람의 강도가 다르다. 이것은 윈드시어라고 하는, 풍속의 고도 방향의 분

그림 7.5 WINDMEL풍차의 메카니칼 가바너

포로 인한 것인데, 지표에 접근할수록 풍속은 낮다. 그 결과 블레이드가 1회전할 때 반드시 하브부에서 반복 변동 하중이 발생하여 피로 파괴의 원인이 된다. 그렇지 않아도 바람은 수시로 변동하고, 그 영향은 풍차의 아킬레스건인 하브에 집중하는데, 여기에 1회전에 한 번의 비율로 피로 하중을 받는 것은 바람직하지 않다. 티타드 하브 기구는 이 윈드시아에 의한 반복 하중을 경감한다.

하브에 가해지는 하중이 대폭 경감된다면 물론 내용 연수도 늘어나고, 신뢰성이 향상된다. 또 시스템의 경량화로 이어지므로 코스트의 대폭 절감을 기대할 수 있다.

일반적으로 회전 기계를 설계하는 경우에는 티타드 하브에 의한 블레이드의 요동 운동처럼 운동의 자유도를 늘리면 새로운 진동문제가 부가되므로 바람직하지 않다. WINDMEL 풍차의 경험에서는, 이와 같은 진동문제가 발생하지 않았고, 또 설계 속도에서는 블레이드에 작용하는 원심력이 지배하여 요동각은 보통 3도 이내, 큰 경우라도 5~6도이다.

MOD-5B의 로터도 2장 블레이드인데, 1개의 시소와 같은 구조로 전체가 3분할되어 있다. 중앙 3분의 1은 블레이드 겸 티타트 하브이고, 그 양쪽에 나머지 블레이드 요소가 부착되어 있다. 이 양단의 블레이드는 모터로 회전하며 피치 제어가 이루어진다. 이와 같은 피치 제어방식을 퍼셜(부분) 피치 제어라고 한다.

WINDMEL 풍차의 경우, 티타드 하브를 이용하지만 퍼셜피치 제어는 아니고 풀스팬(전스팬) 피치 제어를 한다. 이것이 피치 제어에 의한 회전수 제어와 출력 제어의 능력이 크기 때문이다. 그래서 자동 조속기구인 메카니칼 가바너를 피치 제어기구에 이용하고 있다.

가바너는 무거운 추이고, 회전수가 설정값을 넘으면 원심력의 작용으로 기능한다. 그 작용 방법은 블레이드의 설치각을 회전수와 출력을 억제하는 방향으로 비트는 것이다.

이와 같은 메카니칼 가바너를 이용하는 최대의 장점은, 제어하여야 할 로터 회전수의 2승에 비례하는 원심력이 직접 제어력으로서 시스템에 피드백을 가하므로 제어가 신속하고도 확실하여 신뢰성이 높은 점에 있다(그림 7.5).

유럽에서는 회전수가 커지면 역시 원심력의 효과로 블레이드 선단부를 선회 돌출시켜, 여기에 발생하는 실속현상을 공기 역학적인 블레이드로서 출력 제어를 하는, 실속제어 풍차가 보급되고 있는데, 원심력을 이용하는 점은 메카니칼 가바너와 같은 발상이다.

(2) 가변속 운전 시스템

전 세계가 관심을 가지고 있는 가변속 시스템이란 무엇인가 .

풍차가 발전한 전력으로 텔레비전을 시청하거나 전등을 켜는 경우, 그 품질은 상업 전력과 하등 다름이 없어야 한다. 그러기 위해서는 발전 전력의 주파수가 균일해야 하므로 풍차의 발전기도 일정한 회전수로 구동할 필요가 있다. 발전기의 회전축과 풍차 로터축은 증속기어를 통하여 기계적으로 결합되어 있으므로 결국 풍차 로터도 일정한 회전 속도로 회전하지 않으면 안 된다.

하지만 불규칙하게 변동하는 바람 아래서는 로터 회전수를 일정하게 유지하기 위해, 피치 제어용 유압장치는 모터에 보조 동력을 필요로 하는 외에, 돌풍으로 인한 블레이드 하브나 회전축에 가해지는 순간적 응력 변동도 커진다. 블레이드와 주축이 바람의 변동

하중을 전부 떠맡게 된다. 그래서 제기된 것이, 로터와 발전기 모두 바람의 세기에 따라 자유롭게 회전시켜 주자는 가변속 운전 발상이다. 돌풍의 일부 에너지는 로터의 회전 에너지에 의해서 흡수되므로 블레이드와 주축에 대한 하중이 대폭 경감된다. 그런 만큼 시스템은 경량으로 설계된다.

하지만 가변속으로 운전하면 전력의 주파수까지 변동하게 된다. 그러나 이것은 제어하기 쉬운 전력 변환장치를 이용하면 된다. 즉 인버터와 콘버터를 이용하여 주파수가 변동하는 발전기의 전력을 일단 직류로 변환한 다음, 그것을 다시 규정된 주파수의 교류로 변환한다. 이것은 DC 링크방식이라 한다.

(3) 푸리 요 시스템

피치 제어와 더불어 중요한 제어는 요(yaw)제어(방위제어)이다. 바람이 어떻게 불든 풍차가 풍향과는 다른 쪽을 향하고 있으면 회전하지 않는다. 그러므로 풍차 로터를 풍향에 따르게 하는 제어장치가 필요하다. 보통은 타워 꼭대기에 베어링을 장치하고 그 위에 로터와 기어장치, 발전기, 그리고 각종 보조 기기를 격납한 너셀(naselle) 전체를 유압장치나 모터로 회전시킨다. 이와 같은 시스템은 능동적으로 제어하므로 액티브 요, 시스템(active yaw system)이라고 한다.

그러나 소형 풍차에서 사용되고 있는 꼬리 날개처럼, 바람의 힘을 빌려서 요 제어를 효과적으로 하고자 하는 발상도 있다. 하지만 지름이 10미터가 넘는 풍차는 꼬리 날개도 크고 또 경관도 해친다. 그래서 로터를 너셀의 회전축보다도 풍하쪽에 장착하면 로터 자체가 꼬리 날개와 같은 작용을 한다. 이렇게 하여 바람 따라 요 제어가 가능하게 된다. 이를 위해서는 로터를 타워의 풍하쪽에서 돌리는 다운 윈드형 로터 배치로 하여야 한다.

미국에서는 1980년경에 로터 지름 61미터, 출력 2MW의 MOD-1이라는 대형기에 이 다운 윈드형 로터 배치를 채용한 적이 있다. 그런데 생각지도 못한 문제가 발생하였다. 소음문제의 일종인 저주파 소음이 문제였다. 약 3킬로미터 정도 떨어진 민가의 유리창이 진동하고, 심장의 고동과 같은 저주파의 압력파를 느꼈다고 한다.

그래서 로터의 회전수를 정격의 3분의 2 정도로 낮추어서 대처하기로 하였다. 원인은, 블레이드가 타워의 후류역(後流域)에 돌입할 때마다 발생하는 블레이드면의 압력 변동 때문이었다. 그 이후 대형기는 다운 윈드형 로터 배치는 피하고, 로터를 풍상쪽에 배치하는 업 윈드형으로 하라는 설계 지침이 세계에 전파되었다. 업 윈드형 배치에서는 푸리 요 설계가 곤란하다.

WINDMEL 풍차와 같은 소형기에서는 타워 샤드에 의한 저주파 소음은 문제가 되지 않는다. 건설 당초에는 다운 윈드형 로터 배치였다. 그러나 시험 연구를 위해 수 년 후 업 윈드형으로 전환하였다. 그래도 측차를 장착하여, 횡풍을 받으면 측차가 회전하고 따라서 연동하는 기어가 너셀을 돌림으로써 푸리 요 시스템을 유지하고 있다. 이 기술도 진보된 네덜란드 풍차에서 볼 수 있다.

어쨌든 푸리요 시스템을 채용함으로써 액티브한 방위 제어에 필요한 보조 동력을 성력화할 수 있다.

(4) 소프트 설계 타워

소프트 설계도 대형화 기술의 일환으로 제안된 타워 설계 기술이다.

회전 기계에 대한 이전까지의 설계 지침은, 기계를 공진점에서 운전하는 것은 피한다는 것이었다. 모든 구조물에는 바이얼린의 현처럼 고유의 진동수가 있고, 그에 합치하는 진동수를 가진 외력이 가해지면 공진하여 파괴에 이르기도 한다. 따라서 풍차의 타워도 그 고유 진동수가 로터의 회전수보다 높고, 운전 중에 공진상태에 이르지 않도록 설계한다.

그런데, 소프트 설계 타워는 이와 같은 설계 사상을 파기하고 운전 중에도 타워가 공진점에 들어가도 되는 설계를 채용하고 있다. 공진점이 로터의 회전수가 낮은 영역에 있으면, 풍속에 따른 가진(加振) 외력도 약하므로 강도상의 안전성은 확보할 수 있다. 더욱이 타워를 대폭 경량화할 수 있으므로 건설 비용도 적게 든다.

타워를 경량화함으로써, 타워를 기도식(세울 수도 있고, 눕입 수도 있는)으로 할 수도 있다. WINDMEL 풍차에서는 타워 아래쪽, 지상 약 1미터 위치에서 플랜지 접속으로 되어 있으며, 24개의 볼트, 너트를 풀면 윈치와 와이어에 의해서 30분 정도면 타워 전체를 눕이거나 일으켜 세울 수 있다. 이 때문에 보수 점검 작업이 매우 쉽고 편리하다.

(5) 유연 설계 시스템에서 인텔리전트 시스템으로

유연 설계의 본래 뜻은, 타워의 소프트 설계, 유연 구조 설계이다. 유연하지만 위험한 진동수는 교묘하게 회피한다고 하는, 근대 고층 빌딩의 내진설계 기술과 상통하는 기술이라 할 수 있다. 그러나 WINDMEL 풍차에서는 '유(柔)'의 개념을 대폭 발전시키고 있다.

표 7.2 WINDMEL-I과 WINDMEL-II의 비교

항 목		WINDMEL-I	WINDMEL-II
성능	공칭출력	15 kW	16.5 kW
	정격풍속	8.0 m/s	8.0 m/s
	컷인풍속	3.5 m/s	3.5 m/s
	컷아우웃풍속	25 m/s	25 m/s
	내(耐) 풍속	60 m/s	60 m/s
로터	형식	수평축형	수평축형
	하브형식	티타드 하브	티터드 / 리지드
	로터배치	다운 / 업 윈드	업 윈드
	지름	15 m	15 m
	회전수	81.5 rpm	가변/임의 고정
	블레이드 장수	2	2
	블레이드 재질	GFRP / CFRP	CFRP
	티타링 각	± 6°	±6° 자유/ 0° 고정
전달계	기어 형식	평행+베베르	평행+베베르
발전기	형식	유도기	동기기
제어	속도제어	피치 제어 (메카니칼 가바너)	피치 제어 (메카니칼 가바너)
	방위제어	푸리 요	푸리 요/고정 요
	제동기	수동 브레이크	수동+전동 페더
	전력	DC 링크	DC 링크/AC-AC 링크
타워	형식	모노폴 기도식	모노폴 유압 기도식
	하브 높이	14.8 m	14.8 m

우선 구조면에서는 타워의 소프트 설계, 글자 그대로 유연한 설계이다. 다음은 기계면에서, 티타드 하브와 메카니칼 가바너 및 가변속 운전의 이용으로, 변동하는 풍황 아래서 유연하게 대응하고, 기계적 응력을 대폭 완화시키는 설계이다.

그리고 전기면에서는, 가변속 운전 시스템에 부합되는 DC-링크

방식에 의해서 끊임 없이 변동하는 전기 출력을 고품질의 전력으로 공급한다.

또 운전·제어면에서는, 가변속 시스템을 비롯하여, 전술한 바와 같이 메카니칼 가바너에 의한 자동적인 피치 제어 시스템과 푸리요 제어 시스템에 의해서 보조 동력을 공급하지 않고, 자연풍의 거동에 부응한 제어를 하고 있다.

이처럼, 기계·전기, 구조, 운전·제어 등 모든 면에서 유연한 설계 사상이 반영되고 있으며, 이것을 종합한 시스템 전체를 유연설계 시스템이라고 한다.

대자연의 바람 앞에서는 인텔리전트이기보다는 튼튼하고 힘센 것이 좋은 것은 당연하다. 인텔리전트라고 하는 것은 몸체에 비하여 머리만 덩그라니 크듯, 큰 약점이기도 하다. 하지만 WINDMEL 풍차를 굳이 인텔리전트 풍차라고 주장한다면 그것은 바람의 힘에 거슬리지 않고, 그 바람을 구석구석까지 이용한다는 점에 있다 하겠다.

(6) WINDMEL-II의 개발

유연 설계 시스템의 특징을 더욱 정략적으로 파악하기 위해 1994년에 WINDMEL-II기를 개발하였다. 이 시스템은 단 1대의 풍차로 WINDMEL-I(1호기)의 기능을 모두 실현하는 동시에 보수적 설계의 특징적인 기능까지도 실현한다는 것이었다. 즉 가변속과 고정 속도, 가변 피치와 고정 피치, 티타드 하브와 리지드 하브 및 푸리요와 고정 요가 옵션으로 자유롭게 전환할 수 있다(표 7.2). 시험의 결과 가변속 운전에서는 정속 운전에 비하여 주축의 변동 하

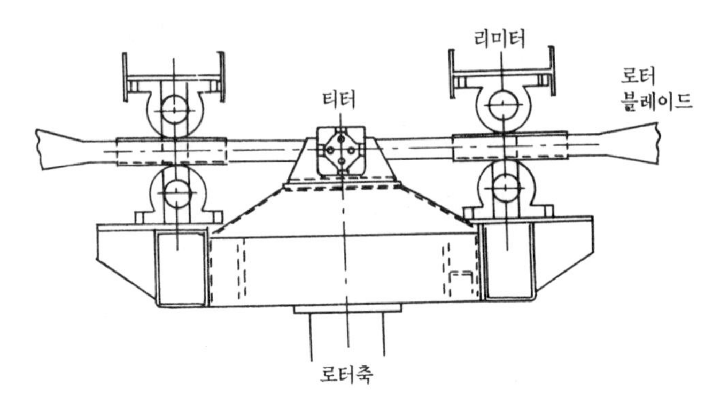

그림 7.6 네덜란드의 FLEXTEETER기의 하브 구조

중이 약 2분의 1이고, 또 출력 변동 레벨의 2분의 1이라는 사실이 판명되었다. 이것은 가변속 운전 시스템은 피로특성 및 전력 품질에 영향을 미치며 변동 풍향에 강한 시스템이라는 것을 의미한다.

7.4 네덜란드의 FLEXTEETER기와 미국의 혁신풍차

(1) FLEXTEETER기

네덜란드의 에너지 중앙연구소(ECN)는 FLEXHAT라고 하는 국가의 풍력 연구 개발의 일환으로, 차세대 풍차의 기술개발을 목표로 WINDMEL기와 같은 시스템의 시험 연구를 하고 있다. FLEXTEETER기는 지름 21.2미터의 업 윈드 수평축형 블레이드 2장의 로터 100 kW기이다. 티타드 하브 구조는 그림 7.6에 보인 바와 같이 양 날개 일체의 플렉시블한 보 구조로 되어 있다. 출력 제

표 7.3 미국 혁신 풍차의 시험 연구기의 시방

	AOC 15/50기	AWT-26기	CWT-300기
개 발 자	Atlantic Orient Corp.	R.Lynette and Associates	Carter Wind Turbines
풍차 형식	수평축형	수평축형	수평축형
정격 출력	50 kW	275 kW	300 kW
로터 지름	15 m	26.3 m	
로터 회전수	64 rpm	57 rpm	65 rpm
로터 배치	다운 윈드	다운 윈드	다운 윈드
블레이드장수	3	2	2
하브 형식	리지드	티타	티타
블레이드재료	목재/에폭시	목재/에폭시	글라스/에폭시
기 어	유성식	유성식	유성식
발 전 기	유도형	유도형	유도형
요 제 어	푸리	푸리	푸리
기술적 특징	Enertch44/40기의 개량기 NREL 새날개형 채용, 전자기 작동 티프 브레이크 채용	ESI-80의 개량기, NREL 새날개형의 채용, 실속 제어	새날개형기의 채용

어는 선단부의 퍼셜피치 제어의 패시브 제어이다.

실험 결과에 의하면, 가변속 시스템으로 함으로써 발전량의 증가와 재료 응력의 대폭적인 경감이 확인되었다. 이것은 당연히 경량화와 코스트 절감으로 이어진다.

결점이 전혀 없는, 즉 완전 무결하냐 하면 그런 것은 아니다. 우선 운전의 불안정이 발생하였다. 가변속 시스템은 진동문제가 연구과제이다. 이것은 출력 제어용 티프와 이것을 장착하는 블레이드 내부 구조 사이에 댐퍼를 물리게 함으로써 해결되었다.

이와 같은 혁신기술은 대형기 개발에 채용될 전망이다.

(2) 미국의 AWT 계획

1970~80년대에 세계적으로 풍력 개발의 견인차 역할을 한 미국은 대형기 MOD-5B의 민간 이양과 윈드 팜의 진전 이후에는 풍력에 관한 기술개발을 민간에게만 맡긴 것이 아니라 정부가 혁신기술 개발을 목표로 연구 개발을 지속하여 왔다.

미국 에너지부(DOE)와 국립 재생가능 에너지연구소(NREL, 개칭 전에는 SERI)는 고성능의 혁신 풍차를 개발하고 또 풍력산업을 지원하는 AWT계획(Advanced Wind Turbine Program)을 추진하고 있다. 그 최종 목표는 매초 5.8 미터의 풍속에서 kW시당 4센트의 풍력발전이다.

미국의 풍력발전 코스트는 kW시당 7~9센트이다. 이는 다른 전력원과 어느 정도 경제적으로 경쟁력을 가진 값이지만, 미국 전체로 볼 때에는 에너지 코스트가 싸기 때문에 4~5센트로 반감하여 풍력의 경제적 경쟁력을 키울 필요가 있다.

(3) 혁신 풍차

현재 AWT계획 아래서, 차세대의 주역이 될 3기종의 혁신풍차 시험 연구기가 개발되고 있다. 표 7.3은 그 주요 제원이다. 새로운 날개형, 티프벤의 채용, 다운 윈드형 등에 특징이 있으며, 이론적으로는 평균 풍속이 비교적 낮은 지역에서 낮은 발전 코스트를 실현하기 위한 시스템 구조의 간소화와 경량화를 엿볼 수 있다. 또 NRAL의 새로운 날개형 개발 등의 기초 연구 성과가 유효하게 이용되고 있다.

7.5 대형기의 연구 개발

(1) 대형화하는 상업기

상업 풍차의 주류는 80년대 초에는 50kW 정도였지만 90년대 초반에는 200~300kW급의 중형기로 옮겨졌다. 그리고 90년대 중반에는 300~500kW급이 주류를 이루었고, 1998년에는 500~700kW가, 오늘날(2000년 기준)에는 바야흐로 MW(메가와트급)의 상업기가 보급되기 시작하였다.

해외 여러 나라의 실적을 살펴 보면, 대형기는 코스트 경감에 공헌하고 있음을 알 수 있다. 하편, 대형기는 산악부에서의 건설과 도로 수송면에서 중량 및 치수에 한계가 있지만 그래도 대형기 도입의 추세는 수그러들지 않고 있으며, 해양 풍력에도 적합하기 때문에 개발 의욕이 왕성하다.

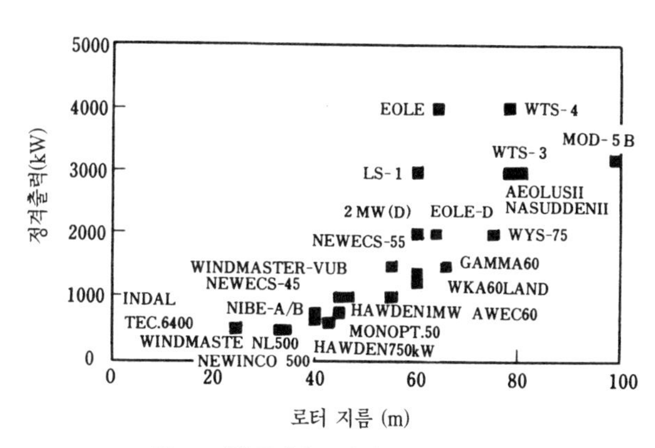

그림 7.7 대형 풍차의 로터 지름과 정격 출력의 관계

표 7.4 세계의 대형 풍력발전기

국명	명 칭	개발 단계	건설 기수	축형식	블레이드 수	로터 배치	로터 지름 (m)	하브 높이 (m)	정격 풍속 (m/s)	정격 출력 (kW)	발전기 형식
벨기에	WINDMASTER-VUB	P	1	H	2	U	46	63	16	1000	I
캐나다	EOLE	P	1	V	2		64	56	23	4000	A
	INDAL 6400	C	2	V	2		24	21	18	522	1
덴마크	NIBE-A	P	1	H	3	U	40	45	13	630	I
	NIBE-B	P	1	H	3	U	40	45	13	630	I
	Tvind		1	H	3	D	54	53		2000	
	WINDANE 40	C	5	H	3	U	40	45	15	750	I
	DWT(Tjearborg)	P	1	H	3	U	60	60	15	2000	I
	Bonus			H	3		50			1000	
	Avedore(VESTAS)			H	3		55			1000	I
이탈리아	GAMMA 60	P	1	H	2	U	60	60	14	1500	A
독일	WKA 60	C	1	H	3	U	60	50	12	1200	S
	MON 50	C	3	H	1	U	50	60	11	640	S
	WKA 60	C	1	H	3	U	60	60	17	1400	S
	AEOLUS Ⅱ	C	1	H	2	U	80	77		3000	
	WKA 60 Ⅱ	C	1	H	3	U	60	60	17	1400	S
	HSW 750			H	3	U	40	45	14	750	A
	E-40(Enercon)		1	H	3		40			500	
	E-55(Enercon)		1	H	3		55			1000	
	TW500(Tacke)		1				36			500	
	H-1200		1	V	2		64			1200	

네덜란드	NEWECS 45	P	1	H	2	U	45	60	14	1000	A
	HOLEC 500	P	1	H	3	U	35			500	
	NEWINCO 500	C	1	H	2	U	34			500	I
	WINDMASTERNL500	C	1	H	2	U	33			500	I
	WINDMASTER 750	C	1	H	2	U	40	50	14	750	I
스페인	AWEC-60	P	1	H	3	U	60	46	12	1200	I
	MADE		1	H			52			500	I
스웨덴	WTS-75	P	1	H	2	U	75	77	13	2000	I
	WTS-3	P	1	H	2	D	78	80	14	3000	S
	HOWDEN 750 kW	C	1	H	3	U	45	35		750	S
	NASUDDEN Ⅱ			H	2	U	80	77		3000	S
	NORDIC			H	2		52			1000	S
영국	LS-1	P	1	H	2	U	60	45	17	3000	S
	LS-2	P		H	2						
	HOWDEN 750 kW	P	1	H	3	U	45	35		750	S
	HOWDEN 1MW	P		H	3	U	55	45		1000	
	VAWT 500 kW	P	1	V	2					500	I
	WEG		1	H	2		50			1000	I
	Markham									600	I
미국	MOD-5B	P	1	H	2	U	99	61	21	3200	C
	WTS-4	P	1	H	2	D	78	80	15	4000	S
	WWG 0600	C	15	H	2	U	43	31	13	600	I
일본	NSS/NEDO 500 kW	P	1	H	3	U	38	38	13	500	I

[기호] 개발단계 : P=실증기, C=상업기 축 형 식 : V=수직축형, H=수평축형
로터배치 : U=업 윈드형, D=다운 윈드형 발전기형식 : S=동기기, I=유도기, A=AC/DC/AC 방식, C=사이크로 콘버터 방식

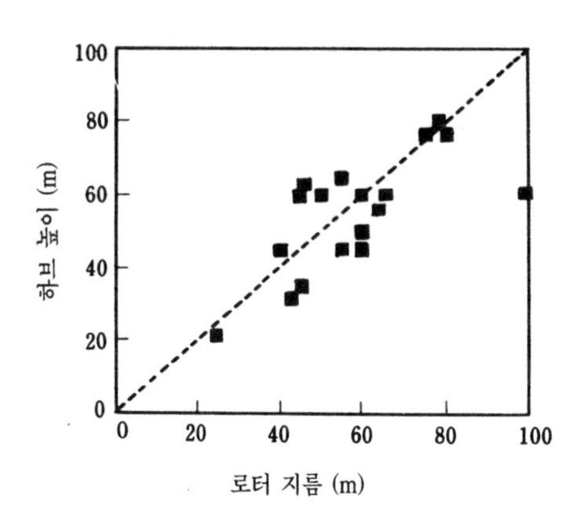

그림 7.8 대형 풍차의 로터 지름과 하브 높이의 관계

(2) 대형기의 개발상황

상업풍차의 대형화는 90년대에 급속하게 진행되어, 500~700 kW급이 보급되고 있으며, 1~1.5 MW의 상업기도 시장에 출품되기 시작하였다. 이와 같은 상업기의 대형화 배경에는 각국 정부가 장기간에 걸쳐 실시한 메가와트급 대형기의 내셔널 프로젝트의 연구 경험이 있다.

표 7.4는 전 세계 대형 풍력발전 시스템의 일람표이고(개발중인 것도 포함). 그림 7.7은 풍차의 로터 지름과 정격출력의 관계를 기록한 것이다. 가장 큰 로터의 지름은 MOD-5B의 99 미터이고 최대 출력은 캐나다의 달리우스 풍차 EOLE와 미국의 프로펠러 풍차 WTS기이다.

이들 대형 풍차는 각국의 내셔널 프로젝트로 개발되어 왔다. 그 대부분은 시험 연구기 또는 실증 시험기이다. 그러나 표의 개발단계에 표시된 바와 같이, MW(메가와트) 미만에서는 상업기로 개발되고 있는 것이 급증하고 있다. 독일, 덴마크, 네덜란드가 많은데, 상업기라고 하여도 실증기로서의 성격이 강하고, 또 EC 위원회의 보조를 받고 있는 것도 있다. 아직 양산형의 상업기 수준에는 이르지 못하였다.

대형기의 기술 경향으로서는, 티타드 하브를 적용하기 쉬운 2장 블레이드가 많다. 또 로터 지름과 타워 높이는 거의 1대 1의 비례 관계에 있다(그림 7.8).

정격 풍속을 보면, 매초 12 미터에서 20 수 미터 범위에 분포하고 있으며, 연간 평균 풍속이 7~8 미터에서 10 미터 이상인 양호한 풍속 지점에 건설되었다.

(3) 세계의 대표적인 대형기

(가) MOD-5B

미국은 '제1세대 풍차'인 MOD-0로, 기존 기술에 의한 풍력발전 시스템의 시험 연구를 하고, 이어서 기술적 개량을 가한 '제2 세대의 풍차' MOD-2를 개발하여 시험하였다. 그리고 코스트면에서도 대형 풍차의 실용화를 위한 '제3 세대의 풍차' MOD-5B를 개발하였다. 로터 지름 97.5 미터, 하브 높이 60 미터, 정격출력 3.2 MW의 세계 최대급 풍차이다. 이것은 1987년에 하와이의 오하후섬 북단 가까이의 카프크포인트에 건설되었다. 스틸제 2장 날개의 티타드 로터를 가진 가변속 운전 시스템이다. 발전기 회전수 범위는 매분 1335~1780회이고, 로터의 주속은 최대 매초 89 미터이다(그림 7.9).

레이건 정권 아래서, 이 프로젝트의 예산 지원이 중단된 뒤에는 하와이 전력이 매입하여 상업운전을 하여 왔다. 티타드 하브와 가변속 시스템 등, 몇 가지 신기술을 도입한 점에서 대형기의 심벌 같은 존재가 되었다. 1991년 봄에 53 퍼센트에 이르는 높은 설비 이용률을 실현하였다.

MOD-5B의 운전은 해풍(海風) 때에는 순조롭지만 산바람 때에는 불안정이 발생한다는 우려도 있다. 모름지기 산바람은 소용돌이를 일으키고, 난류 성분이 강하기 때문일 것이다.

지난날 '제3 세대 풍차'는 kW/시의 발전 단가를 3센트로 목표를 설정하였지만 MOD-5B로는 달성하지 못한 듯 하다. 그러나 이 풍차는 상업기로서 아직도 가동되고 있다.

그림 7.9 하와이에 건설된 세계 최대급의 MOD-5B 풍차(로터 지름 89m, 정격출력 3200 kW)

그림 7.10 이탈리아 사르지니아섬의 대형기 GAMMA 60

미국에서는 MOD-5B에 이은 대형기 개발 프로젝트는 아직 없다. 그 대신 중형기의 혁신 풍차 개발에 중점을 두고 있다. 아마도 이 혁신 풍차의 기술이 확립된다면 재래 풍차들이 점차 스케일업 된 것과 마찬가지로 대형화될 것으로 전망된다.

(나) GAMMA 60

이탈리아의 감마(GAMMA) 60은 로터 지름 60 미터, 정격 출력 1.5 MW의 2장 블레이드, 업 윈드형 수평축 풍력발전 시스템이다. 1992년 4월 사르지니아섬 알타누라에 건설되어, 같은 해 9월에 운전을 시작하였다(그림 7.10, 표 7.5).

로터는 스틸제의 티타드 하브, 피치 제어가 아닌 요 제어로 출력

제어를 하고, 또 가변속 운전 시스템 등, 특색 있는 혁신기술을 채용하고 있다.

감마 60은 3 단계의 운전 풍속 영역을 갖는다.

먼저, 매초 5 미터에서 12.5 미터의 풍속 범위에서는 일정한 최대의 파워계수, 즉 최대 효율로 운전한다. 로터의 회전수는 매분 15회에서 35회전(rpm)이다. 이것은 AC/DC/AC(교류/직류/교류)방식에 의해서 전기적으로 주파수 변환이 이루어진다.

표 7.5 GAMMA 60의 주요 제원

블레이드 장수	2
로터 지름	60 m
로터 배치	업 윈드
허브 높이	66 m
허브 형식	티터
기어	리지드
출력 제어	요 제어
요 구동방식	유압
정격 출력	1500 kW
풍속(지상 10 m 기준)	
컷인 풍속	4.9 m/s
정격 풍속	13.5 m/s
컷 아웃 풍속	27 m/s
내풍속	64 m/s

두 번째는, 풍속이 매초 12.5에서 13.5미터 범위인 일정 토크의 운전영역이다. 여기서는 로타 회전수는 35에서 45 rpm 범위이다.

그리고 세 번째 영역이 일정 출력 영역인데, 풍속 범위는 매초 13.5에서 27 미터까지이다. 로터의 토크와 회전수도 일정하게 유지되지만 이것이 요 제어에 의해서 이루어지는 것이 특징이다.

감마 60을 제작한 WEST사는 같은 설계 이념의 중형기인 400 kW의 Medit AVAS를 개발하였다.

사르지니아에서 GAMMA 60의 운전이 성공을 거둔다면 다시 2 대를 푸리아(Puglia)지방의 산악지대에 건설하여 시험할 예정이다. 난류도가 큰 산악부에서의 입지 개발과 운전 연구는 우리나라에도 귀중한 경험이 될 것으로 생각된다. 특히 아루타누라는 국립공원이지만 재생가능 에너지 설비에 대해서만 특별히 개발을 허용하고 있

그림 7.11 날개 1장의 풍차인 모노프테로스-50기(640 kW)

는 것도 주목할만하다.

(다) 독일의 대형기와 모노프테로스

표 7.4를 보아서도 알 수 있듯이, 독일은 많은 대형기를 개발하고 있다. WKA 60은 로터 지름 100미터의 대형기 GROWIAN의 경험을 살린 실용기이다. 출력이 1.2 MW로, 유럽의 대표적인 블레이드 3장의 대형기이다. 1989년에 헤르고란드에 건설되어 1990년 5월부터 계통 연계운전을 하고 있으며, 1993년 8월까지 30491시간 가동하여 5.4 MW/h를 발전하였다.

WKA 60의 자매기로서 WKA 60II와 AWEC 60이 개발되었다. 전자는 독일 북부의 카이저빌헬름쿠크에 설치되었고 AWEC 60은

CEC가 스폰서가 된 스페인-독일의 공동 개발기로서, 1990년에 스페인 서북단의 카보비라노에 건설되었다.

스웨덴의 2 메가와트 나스덴 풍차와 유사한 로터 지름 80 미터의 대형기, AEOLUSII, 3MW 풍차도 북독일의 빌헬름스하펜에 1992년에 도입되었다.

독일에서 특기할 수 있는 것은, 모노프테로스(Monopteros) 50이다. 이것은 로터 지름 50 미터, 출력 640 kW의 1장 날개 풍차이다. 이것은 빌헬름스하펜에 3대가 설치되어 있다. 현가식 하브를 채용한 다운 윈드형 로터 배치이고, 변동 풍향 아래서도 안정된 운전을 지속할 수 있다(그림 7.11).

앞에서도 언급하였지만, 기어레스 풍차도 최근 관심사의 하나가 되고 있다. Enercon사는 다른 나라에 앞서 기어레스 풍차를 개발하고, 특히 독일 국내 시장에서 문제가 되었던 기어에서 발생하는 기계 소리를 제거하였다. 다극 발전기도 독자적으로 개발·제조하고 있으며 오늘날 세계적으로 높은 평가를 받고 있다.

(라) 덴마크의 대형기

1979년과 1980년에 로터 지름 40 미터, 출력 630 kW의 NIBE-A, NIBE-B기가 개발되었다. A기는 로터를 캔티레버(cantilever)지지로 변경하고, 또 목제 블레이드로 교환되었다. B기도 목제 블레이드로 교환되었지만 93년 3월에 낙뢰를 받아 구조상의 피해를 입었기 때문에 Vestas제의 FRP 블레이드로 교환되었다.

1993년 12월 31일까지의 실적으로서 가동시간 및 발전량은 A기 및 B기가 각각 9725시간과 30439시간 및 2123 MW/h와

8584 MW/h이다.

이러한 운전 경험을 기초로, 유틀란트 반도의 전력회사 ELSAM은 에너지부와 CEC의 지원을 받아, 캔티레버 구조의 3장 날개 풍차 DWT 2 MW 풍차를 개발·운전하고 있다. 로터 지름은 60 미터이다. 재료는 FRP, 출력 제어는 피치 제어에 의한다.

또 디란드의 ELKRAFT 전력회사도 정부 및 EC의 지원을 바탕으로, 5대의 WINDANE 40(로터 지름 40 미터, 발전 출력 750 kW)로 구성되는 윈드 팜을 1987년에 건설하여 상업운전을 하고 있다.

(마) 영국의 대형기

영국의 LS-1기는 에너지부와 북부 수력전력청이 공동 개발한 것

그림 7.12 스웨덴의 3 MW 풍차 NASUDDEN II기

으로, 1987년 오크니섬의 버거힐에 건설되었다. 로터 지름 60 미터, 출력 3 MW의 2장 블레이드, 업 윈드형 풍차인데 티타드 로터를 장비하고 있다.

영국에서는 이밖에 HOWDEN 1MW기(로터 지름 55 미터, 1990년 2월 설치), VAWTG(가변 형상 수직축기, 지름 25 미터), HOWDEN 750 kW기(로터 지름 45 미터) 등을 개발·운전하고 있다.

(바) 기타 대형 풍차의 개발

스웨덴은 1010년까지 원자력발전소(4개소, 12기)를 폐기하기로 결정하였으며, 내셔널 프로젝트에 따라 일찍부터 대조적인 설계인 NASUDDEN가(로터 지름 75 미터, 출력 2 MW, 1982년에 건설)와 Maglarp가 (로터 지름 78 미터, 출력 2 MW, 1981년에 건설) 등 2대의 대형기를 개발하여 시험하여 왔다. 현재 운저중인 것은 Maglarp기로, 제2 세대의 메가와트기인 NASUDDEN II기(3 MW, 80 미터 지름, 하브 높이 78 미터)가 고트랜드섬에서 실증 시험되고 있다(그림 7.12).

네덜란드에서는 1986년에 정부 및 EC의 지원으로 북네덜란드 전력회사가 1 MW의 NEWECS 45(로터 지름 45 미터)를 건설하였다. 업 윈드형 로터 배치이고, 리지드 하브를 사용한 풀스판 피치 제어 시스템이다. 시험기 HAT-25(로터 지름 25 미터, 출력 300 kW, 1980년 건설)와 그 3대의 상업화기 NEWECS 25를 스케일 업한 풍차이다. AC/DC/AC 링크 방식에 의한 가변속 시스템을 채용하고 있다.

캐나다에서는 세계 최대의 다리우스 풍차 EOLE기(로터 지름

64 미터, 로터 높이 96 미터, 출력 4 MW, 1986년 건설)가 내셔널 프로젝트로 개발되었다. 로터축은 플렉시블 커플링을 통하여 동기 발전기에 직결되어 있다. 발전기는 162극으로 되고, 발생한 전력은 AC/DC/AC의 변환을 거쳐 계통에 보내진다.

1988년 3월 이래, 5년간에 1만8600시간 가동하여 1274 MW/h를 발전하였다. 따라서 가동률은 94 퍼센트이다. 그러나 1993년 4월, 베어링의 손상으로 운전은 중지되었다. 교환은 가능하지만 코스트가 높게 먹히기 때문에 아마도 문을 닫을 가능성도 있다.

7.6 해상 풍력과 산악 풍력

(1) 해상 풍력

1991년 중반에, 덴마크의 로란드섬 북서부의 빈드비 앞바다 1.2 내지 2.4 킬로미터, 수심 2~6 미터 해역에 450 kW 풍차 11대가 ELKRAFT사에 의해서 개발되었다. 이것은 덴마크의 제1호 해상 풍력발전소이다. 로터 지름 35 미터, 하브 높이 37.5 미터이고 가동률은 96 퍼센트를 넘는다. 발전량은 육상보다도 60 퍼센트나 높지만 바다 가운데에 건설할려면 건설비가 많이 들기 때문에 발전 코스트가 육상보다 50 퍼센트나 높은 것이 결점이다(그림 7.13).

그러나 풍력 개발이 늘어나고, 육지에서 풍차 부지를 확보하는데 어려움이 뒤따르는 네덜란드와 덴마크에서는 대규모의 해상 풍차가 계획되고 있다. 네덜란드의 최근 기술력으로서는 수심 25~35 미터 해역에서의 해상 풍차가 가능하고, 발전 코스트는 현재의 육상 윈드 팜과 대등하다고 한다. 해상 풍력발전을 위해서는 해저의 기반과 케이블 매설 등이 필요하므로 육상보다도 코스트가 대폭 증가하기 마련이다.

그러나 반면에, 바람이 강하고 에너지 생산량도 늘어난다. 또 수송에는 육상에서와 같은 어려운 요인이 적기 때문에 수 MW의 대형 풍차가 적합하다. 이와 같은 평가를 바탕으로, 지금도 많은 계획이 속속 진행되고 있다.

기술 과제로서는, 풍력 뿐만 아니라 파력(波力)까지 가세되기 때문에 내력(耐力)이 있는 파워 구조의 개발 등을 들 수 있다. 경관과

그림 7.13 덴마크의 제1호 해상 윈드 팜 (450 kW×11대)

어로문제 등, 새로운 과제도 고려되어야 하겠지만, 3면이 바다로 둘러싸인 우리나라로서는 깊이 생각해 볼 문제라 하겠다.

(2) 산악 풍력

지상에서 바람이 잘 부는 지역이라 해서 모든 지역이 풍차의 적격지는 아니다. 미국에서는 강풍지대가 아닌 중풍속 조건에서도 경제성이 있는 혁신 풍차가 개발되고 있다. 또 이탈리아에서는 산악지대의 기상 조건, 즉 거치른 바람 상태에서의 대형기와 윈드 팜의 실증 연구가 진행되고 있다.

풍차를 보급하기 위해서는 최적한 지역이 아닐지라도 실용 가치가 높은 풍차를 육성하는데 노력해야 한다. 즉, 거치른 바람 상태에서도 내구성이 우수하고, 돌풍 같은 변동 풍황 아래서도 제어성이 우수한 것이어야 하며, 총체적으로 기계·구조, 전기·제어면에서 신뢰성이 높은 것이어야 한다. 이 조건을 달성하기 위해서는 완성도가 높은 풍차의 실증적(實證的) 도입과 그 운전 경험에 바탕한 개량, 그리고 혁신 풍차에 적용된 새로운 기술의 개발을 실시하는 길 이외에는 없다.

〈저자 소개〉

박광현

1965년 한양대학교 공과대학 전기공학과 졸업
1990년 인하대학교 대학원 졸업 / 공학박사
삼척대학교 교수 (1970～1993)
현대전기안전관리공사 대표 (현재)

정해상

출판 · 과학 저술인
월간 「전기기술」 편집 · 발행인 (1964～1984)
과학기술도서협의회 회장 (1982～1986)
한국과학기술매체협회 회장 (1987)
그린에너지연구회 간사 (현재)

그린 에너지 총서 ①

덴마크 · 독일 모델의

풍력 발전 기술

2012년 1월 10일 인쇄
2012년 1월 15일 발행

저　자 : 박광현 · 정해상
펴낸이 : 이정일

펴낸곳 : 도서출판 **일진사**
www.iljinsa.com

140-896 서울시 용산구 효창원로 64길 6
전화 : 704-1616 / 팩스 : 715-3536
등록 : 제3-40호 (1979.4.2)

값 16,000 원

ISBN : 978-89-429-1268-1

※ 2007년 1월 10일 1판 1쇄 (겸지사)